JAN GROSSARTH

Heilsam bis tödlich

JAN GROSSARTH

Heilsam bis tödlich

Ein bewusstseinserweiternder Streifzug durch die vergessene **WELT DER GIFTPFLANZEN**

KNESEBECK *Stories*

398. A. Evonymus europaea L.
B. Evonymus latifolia Scopoli

Europäisches Pfaffenhütchen.
Breitblätteriges Pfaffenhütchen.

Inhalt

Giftwelt

Giftwelt

Schöllkraut

Mehr als fünfunddreißig Jahre meines Lebens vergingen, ohne dass ich mir Gedanken über Schöllkraut, Eiben oder Alraunen machte. Warum sollte man auch? Ich bemerkte sie nicht und hätte nicht einmal sagen können, ob die Belladonna schon ausgestorben ist. All das änderte sich, als mir ein altes Buch über Giftpflanzen in die Hände fiel. Drei Aspekte erstaunten mich: Erstens, wie selbstverständlich vertraut unsere Vorfahren mit ihren giftigen Nachbarn waren, und wie alltäglich ihre Furcht vor ihnen. Zweitens, wie wertvoll die Inhaltsstoffe sein können, die in hoher Dosis töten. Vor allem aber wurden mir die Giftpflanzen schlicht sympathisch: Weil sie ihre zweideutigen inneren Werte, ihre unangepasste Art bewahrt hatten und die Welt auf Abstand hielten, um sie selbst zu bleiben – nicht schön und hochgezüchtet wie Tulpen, nicht nützlich und unkompliziert wie Golden-Delicious-Äpfel, sondern sperrig und rätselhaft, ungeachtet dessen, was die Leute über sie dachten, was sie ihnen hinter ihrem Rücken für Gemeinheiten nachsagten.

Es gibt also etwas wiederzuentdecken. Aber bevor wir mit der Tollkirsche auf Hasenjagd gehen, bevor wir eine Zeitreise in die Märchenwelten der Alraunen unternehmen, bevor wir die Botanik des Todes ergründen, über ungeschickte Giftmörder lächeln und in die modernen Giftpflanzenreaktoren der Biotechnologie blicken, lassen Sie uns mit etwas Bekanntem beginnen: der Tomate.

Über die Tomate wird heute nicht viel Übles geredet. Das war nicht immer so. Denn auch die Tomate steckt voller widerwärtiger Substanzen, die Menschen und Tieren den Magen verderben können. Sie kann Schwindel auslösen, Kopfschmerz verursachen – und sogar töten. Ja, Sie haben richtig gelesen: Die Tomate kann *töten*.[1]

Die Tomatenpflanze ist ein Nachtschattengewächs, und schon die Bezeichnung dieser botanischen Gattung deutet eine gewisse Düsternis an. Doch wo Schatten ist, da ist auch Licht, in diesem Fall die reife Frucht. Gift und Gesundheit sind oftmals seltsam eng miteinander verbunden. Es hängt von der Dosis ab und von der Perspektive: Wo der eine roten Ketchup sieht, sieht der andere den grünen Tod.

Die Tomatenpflanze enthält gleich mehrere Alkaloide, von denen eines sogar den Namen »Tomatengift« trägt: Tomatin. Gefährlicher aber sind andere Glykoalkaloide in den Blättern und Stängeln.

Es gab Zeiten, da herrschte in der Bevölkerung eine regelrechte Furcht vor Tomaten, eine übertrieben große Furcht. Im 19. Jahrhundert, als die Tomate, eine Art mit mexikanischem Migrationshintergrund, in Europas ärmlichen Bauerngärten schon weit verbreitet und Bestandteil der Alltagsküche war, tobte in Nordamerika noch ein heftiger Kulturkampf – mit der Tomate im Zentrum. Viele Menschen lehnten sie rigoros ab. Sie beschrieben ihren Geruch als widerwärtig, die Frucht als krank machend. Andere waren immerhin bereit, sie gekocht und so stark gewürzt zu verspeisen, dass ihr ursprüngliches Aroma kaum mehr zu schmecken war. Die Frucht sei zwar schön, konnte man in moderateren Kochbüchern und Zeitungsartikeln lesen, ihr Geschmack jedoch enttäuschend. Auch Berichte von angeblichen Gesundheitsschäden wurden veröffentlicht. Ein anderer Autor argumentierte geradewegs gegenläufig: Die Tomate sei gut zu pharmazeutischen Zwecken zu gebrauchen und sollte daher »in die Kategorie der medizinischen Mittel eingeordnet werden« – mit Verschreibungspflicht.[2]

Im Rückblick mutet die so vielfältig zum Ausdruck gekommene Tomatenskepsis, die sich vor allem in den nördlichen ländlichen Vereinigten Staaten über ein ganzes Jahrhundert lang hielt, seltsam fortschrittsfeindlich an. Insbesondere, da es sich ja um das Mutterland des Ketchups handelt. 1869 gründete Henry John Heinz die Ketchup-Fabrik Heinz. Er war ein Sohn deutscher Auswanderer aus der Pfalz, verwandt mit den Vorfahren Donald Trumps, die aus demselben Pfälzer Dörflein stammten. Mr. Heinz war ein Mann ohne Berührungsängste. Doch die amerikanische Landbevölkerung blieb weiterhin misstrauisch, vor allem gegenüber der rohen Tomate.

Noch seltsamer ist jedoch, dass die Tomate bis heute irgendwie umstritten ist. Viele Kinder mögen sie instinktiv nicht, und manche Erwachsene schüren diese Phobie sogar noch. So führt die österreichische Autorin Klaudia Blasl die Tomate allen Ernstes in ihrem Buch *111 tödliche Pflanzen, die man kennen muss* auf.[3] Die Tomate in einer Reihe mit Engelstrompete, Hahnenfuß und Belladonna! Donnerwetter!

Auf den Kontext kommt es an – dann versteht man, was gemeint ist. Jedenfalls, was die USA des 19. Jahrhunderts angeht. Damals ereignete sich dort viel Ungutes im Umfeld der Tomate. Plagen von Tabakschwärmern (Motten) verdunkelten den Himmel über den ersten Tomatenplantagen. Das Trinkwasser war noch reich an Bakterien, wodurch die Tomaten tatsächlich giftig waren – allerdings erst nach dem Waschen. Auch machte man klassische Anfängerfehler: Man aß die grünen Früchte. Wer sie aber ein Mal in grünem Zustand gegessen hatte, der hatte erst mal genug von ihr. Denn dann enthält die Tomate das besagte Tomatin.

In diesem Sinne könnte das Wort »giftgrün« tatsächlich von der Tomate abstammen, auch wenn es sich vermutlich eher von einer stark arsenhaltigen Wandfarbe ableitet, die im 19. Jahrhundert einige Menschenleben kostete. Aber ist die Tomate deswegen gleich eine tödliche Giftpflanze? Man kann sich sicher auch an Blaubeeren und Brennnesseln zu Tode essen. Im Pfeffer steckt Gift, im Kaffee, in Gin und Tonic, ja sogar in jedem hundsgewöhnlichen Zierkürbis. Aber ist es deshalb sinnvoll, sie alle auf eine gemeinsame Gift-Liste zu setzen?

Nein, gewiss nicht.

Ein wissenschaftlicher Ausdruck ist das Wort »Gift« eigentlich nicht (siehe Kapitel 4). Vielmehr ist es eine semantische Frucht der Furcht: Giftpflanzen sind all jene, vor denen sich die Menschen als Giftpflanzen fürchten. Und derlei Ängste wandeln sich mit der Zeit. Ihre Objekte sind variabel. Was einst Furcht auslöste, ist heute Grund für Klamauk.

An Schenkelklopfer-Lektüren zum Thema mangelt es bei weitem nicht. Sie beziehen ihren Charme zumeist aus burlesk dargebotenen Kuriositäten, die den Menschen im Zusammenhang mit Giftpflanzen widerfahren sind. Tödlichen, mörderischen, sexuellen.

Um einiges interessanter scheint mir da, wie Autoren früherer Jahrhunderte über giftige Pflanzen schrieben. Ihre Sprache enthält bemerkenswerte Spuren von Schaudern, Staunen, Märchen. Aber das ist es nicht allein. Vielmehr ist es spannend zu sehen, dass all das mit Wirklichkeit, mit Erfahrung und Angst verknüpft ist. Es kam damals noch öfter vor, dass in der Nachbarschaft ein Rind oder ein Kind an einer verwechselten Wurzel starb. Schmerz und Phantasie standen mitten in der Lebenswelt. Vielleicht ist es das, was an so manch alter Sprachblüte der Giftpflanzenfurcht seltsam anrührend wirkt. Sie sind wie ferne Spiegel, in denen wir Teile des Lebens noch sehen, die heute eingespart sind. Zum Beispiel nahmen die Autoren – wie hier der Schriftsteller Julius Wolff – den Tod als alltägliche Möglichkeit noch ernst. Jedes Kind erkannte die Tollkirsche:

Er hob das Bündel vom Boden auf, um es ihr zu tragen. Dabei löste sich der zu leicht geschlungene Knoten, und die Tollkirschen fielen heraus. Sofort erkannte Eike das todbringende Gift.[4]

Tomate

Giftig sind die grünen unreifen Früchte. Um davon zu sterben, müssten Sie allerdings ein Kilo oder mehr essen. Da gibt es weitaus effektivere Todesmittel.

Der mitteleuropäische und nordamerikanische Mensch musste sich erst an die Tomate gewöhnen, egal ob grün oder rot. In einem botanischen Überblickswerk von 1839 wird sie noch als giftiger »Wolfsapfel« vorgestellt.[5] In einem 1870 veröffentlichten, von rassistischen Witzen triefenden Werk eines sinnvollerweise vergessenen antisemitischen Autors wird die Tomate den »Südländern« zugerechnet und damit, in seinen Augen, dem Unnützen, Müßiggängerischen und, metaphorisch gesehen, Giftigen.[6] Schon ein halbes Jahrhundert später, 1923, war die Wissenschaft klüger, nämlich stofflich orientiert: »Durch einen hohen Gehalt an allen drei Vitaminen ist die Tomate ausgezeichnet, der daher eine besondere Stellung unter den Erzeugnissen des Pflanzenreichs zukommt.«[7]

Andere Namen

Paradeiser, Paradiesapfel, früher auch Liebesapfel, Solanum lycopersicum.

Enthaltene Gifte

Tomatin und Solanin; Flavonide.

Giftwirkung beim Menschen

Solamnum-Glykoalkaloide führen zu Erbrechen und Durchfall, erhöhtem Herzschlag, Angstzuständen, Atemnot, Atemlähmung bis hin zum Tod.

Verwendung

Aus grünen Tomaten lassen sich Pickles herstellen: Einkochen in Essig, wie Saure Gurken oder Silberzwiebeln.

Man sieht auch: Früher ging es nicht primär um unreife grüne Tomaten und die damit verbundene Hysterie. Interessanter waren ernsthafte Giftpflanzen, und die töten mit ihren schönen reifen Früchten. Und zwar auf schreckliche Art und Weise. Durch die Hand von Giftmördern. Oder weil arglose Menschen sie für süß und köstlich hielten. Oder sich von ihnen Heilung versprachen. Aus Not. Oder aus Neugier.

Von solchen ernsthaften Giftpflanzen handelt dieses Buch. Und deswegen auch vom Tod, der kein böser Dämon ist, sondern ein harmlos wirkendes Gräslein in der Nachbarschaft. Es lässt sich nämlich viel lernen aus der Geschichte des Menschen mit den Giftpflanzen. Man sollte sie nicht ignorieren, nicht verteufeln, nicht zur Partydroge herabwürdigen. Stattdessen sollte man mitfühlend, vielleicht sogar liebevoll ihr Verschwinden von den Wiesen und aus dem Gedächtnis beklagen, denn mit ihnen ist auch ein gewisser Zauber verflogen.

Für die sexuelle Liebe des Menschen zu Bäumen hat die Psychiatrie einen Namen: Dendrophilie. Eine junge Frau aus England verliebte sich in eine Pappel, nannte den Baum Tim, heiratete ihn und machte ihr Bekenntnis öffentlich, dass sie mit ihm den »besten Sex« ihres Lebens gehabt habe.[8] Eine sechzigjährige Amerikanerin heiratete einen deutlich älteren Feigenbaum und sprach auf vergleichbare Weise von der Liebe ihres Lebens. Doch so etwas meine ich nicht, wenn ich schreibe, dass wir »liebevoll« von Pflanzen sprechen sollten, selbst von den giftigen.

Wie wäre aber dann von ihnen zu erzählen?

Der Versuch einer Antwort führt mich nochmals kurz zurück zur Tomate. Für die ernsten, pädagogischen Zwecke dieses Buches ist die Tomate nämlich auch deshalb interessant, weil sie in mir eine Erinnerung weckt, die davon handelt, wie ein Mensch auf *stimmige* Weise über Pflanzen spricht. Denn einmal hörte ich einen Mann in

Tirol so herzlich von Tomaten erzählen wie nie einen anderen Menschen zuvor. Er stand im Garten seines Vereins »Arche Noah« und kümmerte sich um die alten Sorten, die er dort züchtete. Tomatin und Solanin waren ihm einerlei, er sprach lieber von Aromen.

Er pflückte eine große, dünnhäutige, fleischrote Tomate und presste den Samensaft heraus. Sie trage den Namen »Herz aus Zagreb«, sagte er, und die Arche Noah habe sie auf einem Bauernmarkt erworben, kurz vor Ausbruch des Jugoslawienkrieges, der auch die alten Sorten bedroht habe. Diese und viele andere Geschichten erzählte der Mann, und er sprach dabei nicht wie jemand, der das Leben in Schubladen sortiert, sondern wie jemand, der darüber staunt und sich an den Pflanzen erfreut wie ein Kind.

»Im Erbgut der Tomaten liegen die Erfahrungen von Jahrhunderten«, sagte er, und die »Eltern« gäben diese Erfahrungen an die »Kinder« weiter. Die müssten leben und eigene »Erfahrungen machen«, mit Dürre und Hitze, Nässe und Insekten, in guten wie in schlechten Zeiten, sich entwickeln, sich in der Vielfalt erhalten und verbessern. Die Samen der alten Sorten dürften nicht nur in Saatgut-Tresoren im arktischen Eis von Spitzbergen herumliegen. Denn so geschieht es, um sie vor dem Klimawandel zu schützen, und vor dem Kapitalismus. Das sei absurd, sagte der Mann. Tomatensamen auf Eis – bis wann denn eigentlich? Bis nach dem Atomkrieg? Überhaupt müsse man dann ja auch noch wissen, was man da eigentlich in der Hand hält, wie man damit umgehen muss, und wofür sie nützlich sind, diese Samen des »Herzens aus Zagreb«.[9]

Dieser Mann hat eindrucksvoll *demokratisch* von seinen Pflanzen gesprochen. Er möchte, dass so viele wie möglich nebeneinander leben und sie selbst bleiben dürfen. In Frieden. Um das geschehen zu lassen, muss man Pflanzen gewiss nicht heiraten, wie die junge Britin ihre sprachlose Pappel Tim. Jedoch muss man die Pflanzen persönlich fassen. Erst dann führt das abstrakte Artensterben zu konkretem Mitleid.

Das heißt: Man sollte über Pflanzen nicht nur mit ingenieurwirtschaftlichen Begriffen wie »Nutzen« oder »Nährwert« sprechen, sondern auch mit Freude an den Besonderheiten der Pflanze. Nutzen ist ein Wert. Vielfalt ist ein Wert, Schönheit ebenso. Freiheit aber ist der größte. Das »Herz aus Zagreb« soll leben, und so sollen es seine Kinder.

Für Supermärkte ist das »Herz« uninteressant. Wegen seiner dünnen Haut ist es weder für den Transport geeignet noch lagerfähig. Doch die echte Tomatenliebe schenkt auch sperrigen Sorten das Leben – und diese zahlen es mit Freude zurück. Bei Giftpflanzen sieht das anders aus. Sie kommen auch ganz gut ohne unsere Sympathie zurecht. Oder?

Bevor wir unsere kleine Reise durch die Welt der Giftpflanzen antreten – vom Schierling zum Stechapfel, von der Eibe und dem Seidelbast zur wunderhübschen Belladonna –, müssen wir daher erst noch eine grundsätzliche Frage diskutieren, die gerade vor dem Hintergrund unserer Vorstellung von Giftpflanzen in hohem Maße relevant ist: Sollen wir Pflanzen als unsere Freunde betrachten? Täten wir das allzu naiv, müsste insbesondere die Giftpflanze eine Enttäuschung sein. Denn was wäre das für eine Freundin, die vergiftet?

Sympathie und Freundschaft sind zwei verschiedene Paar Stiefel. Pflanzenfreundschaft herbeizuphantasieren, ist immer Quatsch. Pflanzen überleben nur durch permanente Abgrenzung. Aber weil sie unsere Sympathie benötigen – schließlich leben wir im Anthropozän, der Mensch ist allzu mächtig –, ist der Irrweg zur Freundschaftsphantasie kurz. Gewiss sind Pflanzen hier auch eine näher liegende Wahl als Steine, Wüstensand oder Stechrochen. Mit Pflanzen tauschen wir Aromen und Nährstoffe aus und empfangen dabei mehr, als wir zurückgeben. Gegenwärtige Träume von der Vereinigung enden jedoch nicht beim Genuss, sondern erst bei der Vorstellung, nach dem Tod als Staub von den Wurzeln einer alten Buche aufgenommen zu werden, um so als »Freund unter Freunden« weiter am Kreislauf der Natur teilzuhaben. In diesem Sinne ist das Adjektiv »pflanzlich« in Zeiten grüner Lebensstile übertrieben eindimensional zum Synonym für freundliche Eigenschaften geworden. Gleichzeitig jedoch sind wehrhafte Pflanzen nicht nur vom Feldrand, sondern auch als Thema verschwunden.

Ich will damit bestimmt niemanden kränken, habe aber an jedwedem stereotypen Geplauder über Pflanzen als Freunde etwas auszusetzen, ist es doch allzu oft recht phantasielos und gefühlsduselig. Während die Pflanzenzuchtingenieure durch ihre Arbeitsumstände sehr auf den Nutz- und Nährwert fixiert sind und die Einkäufer der Supermärkte auf die Lagerfähigkeit, verzerrt der einfache Bürger die Pflanze-Mensch-Beziehung zu einem beinahe intimen Geschehen. Das ist schon im Fall der Katzen nicht wirklich überzeugend. Noch weniger aber bezüglich Buchen und Tomaten. Denn nach allem, was wir wissen, interessieren sich Pflanzen kein bisschen für uns Menschen. Wenn überhaupt, dann erschöpft sich dieses Interesse einzig darin, nicht von uns aufgegessen zu werden. Und das dürfte zu wenig sein, um ernsthaft von einer Freundschaft sprechen zu können.

Genauso verhält es sich mit den Giftpflanzen: Auch sie wollen uns ja nicht töten, sondern einfach auf Abstand halten. Diese Strategie haben sie sogar regelrecht perfektioniert – mittels Dornen, unästhetischem Äußeren, üblen Gerüchen, Bitterstoffen, Nervengiften und Magentoxika. Wie beeindruckend! Wie klug!

Doch setzen sie ihre Gifte letztendlich nicht einmal ausschließlich eigennützig ein. Die Tomate beispielsweise macht sich für Fressfeinde nur so lange unattraktiv, bis sie groß und nahrhaft ist. Sobald sie rot und reif ist, ist ihr böses Gift wie weggezaubert.

Und dennoch: Trotz all dem Bewunderungswürdigen und Faszinierenden, das in ihnen steckt, sind Giftpflanzen fast vergessen, in die Erinnerungslücke gerutscht zwischen Naturgenuss und Naturkommerz. Landheftchen und Instagram suggerieren eine Wattewelt hinter Nashville-Filtern, die Widersprüche auf die westfälische Art ignoriert. Gartenbücher verniedlichen Pflanzen zu Deko-Objekten, konzentrieren sich aufs Kulinarische, überhöhen sie zum Weltrettungsthema oder banalisieren die wahre Vielfalt mit Titeln wie *Das Liebesleben der Pflanzen*.

Von den »furchtbaren Waffen« wollen wir dagegen nichts wissen, vom tödlichen Schierlingsgenuss genauso wenig wie vom Tod generell. Dabei ist gerade dieser ein guter Grund, sich für Giftpflanzen zu interessieren; all die herrlich-schrecklichen Todesgeschichten, die sie uns schenkten, als das Leben in der Regel noch ein allzu kurzes Abenteuer war und die Erde ein einziges Jammertal.

Natürlich ist es faszinierend zu erfahren, wie Bäume ihre Artgenossen mittels chemischer Signale vor Fressfeinden warnen oder Bodenpilze und Baumwurzeln einander Zucker und Mineralien geben und nehmen. Aber was ist mit den tödlichen Blatt- und Rindenpilzen? Was ist mit den parasitären Bodenpilzen, die Zucker aus Wurzeln saugen, den Bäumen jedoch keine Mineralien zum Tausch anbieten? Was ist mit den Halbparasiten? Denn auch die können tödlich sein, wenn sie zuvor von einem Giftwirt lebten. Misteln vom Oleander etwa enthalten dessen herzwirksame Gifte, und diejenigen von der Duboisia das Nervengift Nikotin.

Wäre es da nicht viel angemessener, das gesamte Repertoire an menschlichen Eigenschaften in die Pflanzen hineinzuinterpretieren, als sie schlicht als unsere guten Freunde zu bezeichnen? Sind uns nicht gerade die Giftpflanzen ganz ähnlich – mit ihrer Widersprüchlichkeit, ihrem Changieren zwischen zerstörerisch und nützlich, widerborstig und anschmiegsam, tödlich und heilsam? Ganz wie die Tomate: An ihren Blättern und Stängeln stirbt man, aber die Früchte halten uns am Leben. Und das eine wäre ohne das andere unmöglich. Gift und Speise sind vom gleichen Stamm.

Gift ist furchtbar. Aber ebenso kann es fruchtbar sein. Und zwar auf bedeutende Weise fruchtbar: Dem Gift der Alraune etwa ist heiliges Leben zu verdanken. Denn ohne dieses Gift gäbe es wahrscheinlich nur elf der zwölf Stämme Israels, da der Stammesvater Issachar dank eines wohldosierten Alraunen-Trunks gezeugt wurde, der die Liebeslust seiner ermüdeten Eltern reanimiert hatte. Die Bibel hat ein Herz für die Erotik und für die Alraune. Etwas später, in der Antike Griechenlands, ist die Alraune immerhin noch eine hochgeschätzte Arzneipflanze. Erst mit dem Aberglauben der europäischen Neuzeit wird aus dem armen Pflänzlein etwas Schreckliches: ein schreiendes Ungetüm, ein kreischender Wurzelwicht, eine gefürchtete Giftpflanze.

Haben wir das Böse so ausdauernd dämonisiert, dass in Vergessenheit geriet, dass die Welt ganz und gar durchgiftet ist? Fürchten wir uns also, ganz grundsätzlich, vor dem Falschen? Oder anders gefragt: Wenn alles zumindest etwas giftig ist, müsste man sich dann nicht vor allem fürchten, auch vor sich selbst?

Oft sind Giftpflanzen einfach nur lustig. Vom Stechapfel beispielsweise ist eine witzige Partygeschichte überliefert. Und zwar aus Jamestown, einer britischen Kolonie im Nordamerika des 17. Jahrhunderts. Der englische Name des Stechapfels – *jimsonweed* – soll sich gar vom *Jamestown Weed* ableiten. Der Grund dafür ist, dass britische Soldaten, die Anno Domini 1676 in eben diesem amerikanischen Jamestown Aufständische bekämpfen sollten, während ihres Kriegszuges aus dem Stechapfelkraut eine Suppe zubereiteten und diese leider auch aßen. Vielleicht aber war das sogar eher ein großes Glück, wenn nicht für sie selbst, so auf jeden Fall für ihre Feinde. Denn die Soldaten wurden durch den Genuss des Süppleins sehr kindisch. Der eine schnitt Grimassen, der andere schmückte sich kichernd wie ein Narr mit Vogelfedern, wieder andere küssten und streichelten einander auf die albernste und intimste Weise. Von der Suppe war reichlich vorhanden, sodass dieses Schauspiel volle elf Tage angedauert haben soll. Und weil die örtliche Jugend recht fasziniert davon war, begann sich das Mittel rasant als Droge zu verbreiten.

Drogen bekümmern Eltern bis in unsere Zeit. In Virginia, auch weit jenseits des historischen Jamestown, ist der Stechapfel nicht vergessen. Noch heute werden in den nördlichen Vereinigten Staaten und in Kanada Jugendliche in Kliniken eingeliefert, die es den britischen Soldaten gleichgetan haben. Das kann zu unvergesslichen Partys führen, im Grenzfall aber auch zum ewigen Vergessen.

In unserer Gartenliteratur ist für das Gemeine der Natur wenig Platz. Der Wert der Pflanzen bemisst sich auch nicht an der Partytauglichkeit, sondern eher daran, wie das Grünzeug uns in unserer inszenierten Einzigartigkeit zu schmücken imstande ist. Unsere Zeit ist nämlich eine des extremen Individualismus, die Gesellschaft eine »Gesellschaft der Singularitäten« im »ästhetischen Kapitalismus«, wie Andreas Reckwitz und Gernot Böhme es in den abstrakten Sprachen ihrer Wissenschaften formulieren.[10] Das bedeutet: Wir nehmen die Natur nicht wirklich ernst, interessieren uns, wenn überhaupt, nur aus sehr fragwürdigen Motiven für sie. Wir verknappen die Natur, nicht nur durch das von uns forcierte Artensterben, sondern auch durch unsere verkürzte Wahrnehmung. Die Orchidee von Ikea auf dem Fensterbrett gibt hunderttausenden Wohnungen eine höchst individuelle Note. Das wirklich Eigenwillige dagegen hat auf dem Fensterbrett wie in unserem Denken wenig Raum.

Nichts ist geheimnisvoller als der Tod. Doch so wie das Bewusstsein des Memento mori in den Seitenflügeln alter Barockkirchen dahinvegetiert, sind irgendwo in den Verästelungen der Gegenwart auch Facetten eines Naturinteresses verloren gegangen, wie es über Jahrhunderte selbstverständlich war. Die Welt ist durchgiftet, und in diesem Sinne sind wir alle die Natur.

b
a
8
B
5

Giftzauber

Giftzauber

Die mit Tränen säen, werden mit Freuden ernten. Wenn Sie einmal traurig sind, könnten Sie aber auch ein Flugticket in den Westen des Amazonasbeckens buchen, etwa nach Peru oder nach Kolumbien. Dort werden Sie auf die Gift-Liane Ayahuasca stoßen. Deren Wurzel- oder Rindenextrakt »verändert«, wie man so schön sagt, »das Bewusstsein«, erleichtert angeblich das Wahrsagen und soll – so ihre Anhängerinnen – außerdem eine »heilende« Wirkung haben. Wobei diese freilich nicht nur von den Inhaltsstoffen der Pflanze hervorgerufen wird, sondern auch von den Begleitzaubern des Schamanen.

Sie haben Ihren Glauben an Schamanen bereits verloren? So vertrauen Sie aber gewiss noch der Kraft der Literatur. Erinnern Sie sich für einen Moment an William Shakespeare. Denn in seinem Werk mangelt es nicht an pflanzlicher Symbolik:[11]

Oh, große Kräfte sind's, weiß man sie recht zu pflegen,
Die Pflanzen, Kräuter, Stein' in ihrem Innern hegen.[12]

Diese Verse spricht Bruder Lorenzo in *Romeo und Julia*, und der kluge Mönch bringt hier auch gleich das Doppelgesicht der Pflanzen zur Sprache:

In Laster wandelt sich selbst Tugend, falsch geübt,
Wie Ausführung auch wohl dem Laster Würde gibt.

Die kleine Blume hier beherbergt gift'ge Säfte
In ihrer zarten Hüll' und milde Heilungskräfte!

Giftpflanzen zu betrachten bedeutet, einfachen Moralen den Rücken zu kehren und die Blickrichtung auf die Vielschichtigkeit des Lebens zu wenden. Im Botanischen Garten Berlin erinnerte im Jahr 2016 eine Ausstellung daran, in welcher Vielfalt Shakespeare mittels pflanzlicher Symbolik auf die Tragödie des Lebens Bezug nimmt. Mannigfach sind die Wege, die ins Schlamassel führen. Sage und schreibe einhundertzwanzig Pflanzen sollen in Shakespeares Werk vorkommen.[13] Die Mispel etwa, erfuhren die Besucher der Berliner Ausstellung, stehe darin für die Vagina, die Birne für den Penis (mitsamt Hodensack). Doch sehr viel spannender als diese obszönen Randinformationen war natürlich das Giftige: *Hebona*, ein rätselhaftes Pflanzengift, bringt Hamlets Vater den Tod. Doch was ist mit *hebona* überhaupt gemeint? Ist es das Bilsenkraut (*henbane*) oder das Ebenholz (*ebony*)? Oder vielleicht etwas ganz anderes? Darüber streitet die Shakespeare-Forschung seit vierhundert Jahren.

Lange hüllte sie sich ins Geheimnis. Ihre letale Dosis gab sie erst zu einem recht späten Zeitpunkt preis. Vorher herrschte Ungewissheit. Außerdem konnte die Tollkirsche sich verwandeln: Ich denke an die Tatsache, dass der Mensch, wenn er Tollkirschen zu sich nimmt, oft schäumend und spektakulär stirbt. Der Hase aber verträgt sie gut. Doch wenn nun ein Mensch das Fleisch dieses Hasen nur wenige Stunden nach dessen Festmahl verzehrt, kann er sich noch immer daran vergiften. Einen Hasen zu töten, um einen Braten zu essen und an den Alkaloiden der Tollkirsche zu sterben: Ist das nicht die größte aller Komödien?

Die Giftpflanzengeschichte ist eine große Kriminal-, Arznei- und Rauschgeschichte. Die Grenzen von Mord und Heilung sind dabei fließend, und eine der Hauptrollen spielt die Tollkirsche.

Ayahuasca

Die Ayahuasca wächst in sämtlichen Gegenden des Amazonas, man muss sie dort nicht lange suchen. Sie windet sich wie eine hölzerne Würgeschlange an haushohen Amazonasbäumen empor. Das geschieht nicht mehr nur nach den Regeln der Wildnis. Nein: Indigene Kulturen pflanzen sie seit vielen Jahren planmäßig an, um nach der Ernte Tee daraus zu kochen. »Nach dem Verständnis der Schamanen beruht die Wirkung des Trankes nicht auf einem pflanzlichen Wirkstoff, sondern auf der Pflanzenseele, die sich dem Menschen unter dem Einfluss von Ayahuasca als Lehrmeister [...] offenbart«, erklärt Angelika Prenter in ihrem wissenschaftlichen Überblickswerk über Bewusstseinserweiterungen. Auf diese Weise könne man von der Ayahuasca Heilung erwarten, Ursachen von Krankheiten erfahren oder Fragen beantwortet bekommen.[14] Das Geheimnis der Liane verbirgt sich in ihrem Holz, darin steckt sie ihre ganze Energie, weswegen sie auch nur selten blüht und das noch dazu recht uninspiriert.

Andere Namen

Liane der Seelen (in peruanischer und bolivianischer indigener Sprache), Banisteriopsis caapi.

Enthaltene Gifte

Vor allem Alkaloide der Gruppe der Beta-Carboline (insbesondere Harmin), die in den Blättern, Blüten, Stängeln und Wurzeln stecken.

Giftwirkung beim Menschen

Die bewusstseinsmanipulierende Wirkung des Ayahuasca-Tees basiert auf der Kombination mit einem beigemischten Kaffeegewächs (Psychotria viridis). Dieses enthält wiederum das halluzinogen wirkende Alkaloid DMT.

Verwendung

Auf der Pflanze ruhen gewisse medizinische Hoffnungen: bei der Behandlung von Depressionen, aber auch in Therapien schwieriger Emotions- und Selbstakzeptanzmangelkrankheiten. Unter Umständen könnte sie auch in der Traumatherapie Nutzen entfalten.[15]

Tollkirsche

Die Tollkirsche ist ein Nachtschattengewächs und als solches mit Tomate, Kartoffel und Kürbis verwandt. [16] Sie gilt als mehrjährig, obwohl nur die Wurzel den Winter überlebt. Sie hat längliche, eiförmige, unverdächtige Blätter, wird knie- bis halshoch, steht gern auf lehm- und kalkhaltigen Böden an Waldrändern und Wegen und leider oft auch in der Nähe von Brombeeren. Die Früchte reifen im August.

Der lateinische und italienische Name der Tollkirsche, Belladonna, soll einerseits daher kommen, dass sich die Damen der italienischen Höfe in der Frühen Neuzeit die Pupillen aus Gründen der Schönheit mit dem Tollkirschenextrakt weiteten. Andererseits heißt es, dass sich in Venedig beim Karneval Frauen mit Tollkirschenpuder schminkten. Giftrot! Die Frucht der Tollkirsche sieht von allen giftigen Früchten tatsächlich am appetitlichsten aus. Weder ihre Farbe, die der einer reifen Aubergine ähnelt, noch ihr Glanz einer prallen Herzkirsche noch ihre Form einer Blaubeere geben einen Hinweis darauf, dass es mit dem Verzehr irgendein Problem geben könnte. Gibt es aber. Ihre Wirkstoffe, die Tropanalkaloide, gehören für den Menschen zu den folgenreichsten. Besonders gefährdet, sie zu essen, sind Kinder und Erwachsene, die Blaubeeren nur aus dem Supermarkt kennen und von Botanik wenig wissen.

Es ließen sich also List und Verführungslust unterstellen, aber das ist Unsinn, denn die Tollkirsche will nur Tiere zum Fraß verlocken, denen sie bekömmlich ist. Auch sie möchte sich schließlich gern vermehren, also ihre Samen über Tierkot in die Welt tragen.

Man findet die Tollkirsche in Europa, Nordamerika und im westlichen Asien. In den Klöstern des europäischen Mittelalters wurde sie als Heilpflanze angebaut, und da sie widerstandsfähig ist, soll sie noch heute in der Umgebung dieser Klöster gehäuft anzutreffen sein.

Was am Tage die Arzneiküchen der Mönche beschäftigte, taugte des Nachts als Hexensalbe. Die Hexen sollen unter dem Einfluss der Tollkirsche, oder auch von Bilsenkraut und Alraune, auf ihren Besenstielen durch die Nacht geritten sein. Denn die Tollkirsche führte sie in andere Dimensionen, in Wahrheit aber wohl eher in den Tod.

Noch in den 1960er Jahren machte ein selbsternannter Hexer im britischen Slough von sich und seinem kleinen keltischen Hexenzirkel reden. In diesem suchte man nach einer Hinwendung zu alten Speisen und fand sie in den Blättern der Tollkirsche. Wenige Tage nach der Sommersonnenwende des Jahres 1966 nahm der Mann die giftige Speise in Kombination mit modernen Schlaftabletten zu sich – und starb.

Derlei Geschichten haben leider ihre Spuren am Ansehen der Tollkirsche hinterlassen. Ihr heilsamer Ruf ist dahin, das Teuflische haftet ihr an. Aber was kann sie für die Dummheit der Menschen?

Andere Namen

Teufelskraut, Teufelskirsche, Schwindelbeere, Atropa belladonna. Der Name Atropa stammt von der griechischen Mythengestalt Atropos, welche die Lebensfäden der Menschen durchtrennt.

Enthaltene Gifte

Die Hauptwirkstoffe sind Atropin, R- und S-Hyoscyamin. Atropin wird von der Weltgesundheitsorganisation (WHO) in der Liste der unentbehrlichen Arzneimittel aufgeführt, als Betäubungsmittel.

Giftwirkung beim Menschen

Die Wirkung erfasst große Teile des Körpers. Die Hyoscyamine wirken lähmend auf die Hirnaktivität. Das zentrale Nervensystem ist gestört, der Mensch erleidet Muskelzuckungen, Verwirrung und schwere Halluzinationen. Auch wirkt die Belladonna auf den Kreislauf. Der Körper reagiert mit Herzklopfen, Pulsbeschleunigung und erhöhtem Blutdruck. Ebenso wird der Verdauungstrakt in Mitleidenschaft gezogen. Darmverschluss kann die Folge sein. Der Mund wird trocken. Hautrötungen, eine Hemmung der Schweißdrüsen sowie eine Pupillenerweiterung kommen hinzu. Gleichzeitig ereilt den Patienten großer Rededrang und Ausgelassenheit, mitunter sogar Halluzinationen. Jeder Zehnte überlebt diesen Rausch nicht.

Verwendung

Das reine, isolierte Tropanalkaloid Atropin verwenden Augenärzte zur Erweiterung der Pupillen. Ein Medikament mit dem Namen Belladonna, das aus den Blättern, Stängeln und Wurzeln der Pflanze hergestellt wird, ist noch heute in großen Teilen der Welt als Arznei gegen Darmkoliken, chronische Verstopfungen, Magengeschwüre, Darmgeschwüre oder auch Asthma erhältlich. Gelegentlich wird es zur Behandlung von Parkinson eingesetzt.

Alraune

Jahrhundertealte Mystik raunt aus ihrem Namen, Angst und Ammenmärchen. Ein mehrjähriges Nachtschattengewächs ist sie nach übereinstimmender Meinung aller Botaniker, von menschenhaftem Wuchs, jedenfalls im Ganzen, mit Wurzel, betrachtet. Die menschliche Phantasie sieht in ihr ein Erdwesen mit Wurzelärmchen und -beinchen, Kopf und grünem Haar.

In alten Büchern wird die Alraune wesenhaft dargestellt, ihre Frisur ähnelt darin einer Vorwegnahme des Struwwelpeters. Oberflächlich – wurzellos – betrachtet gleicht sie jedoch eher einer langweiligen Primel aus dem Supermarkt: kurz von Wuchs, beliebig vom Blatt, gleichgültig von der Blüte. Aus ihren violetten Glockenblüten werden runde, rote, so wohlriechende wie giftreiche grüne Früchte. Sie wächst in mediterranen Ländern oder im wohlgepflegten mitteleuropäischen Giftgarten.

Die Alraune ist Gegenstand zahlreicher Legenden. Im Mittelalter war der Glaube verbreitet, ein Herausreißen der Alraune wäre lebensgefährlich, denn sie würde dann unerträglich kreischen. Zur Gefahrenbegrenzung band man Seile um sie und ließ sie von Hunden aus der Erde zerren; den Kindern stopfte man vorher vorsichtshalber die Ohren zu. Die Alraune soll auch, ähnlich wie die Tollkirsche, Bestandteil stark halluzinogen wirkender Hexenflugsalben gewesen sein, die in der Frühen Neuzeit anal oder vaginal verabreicht worden seien. Die Bibel hingegen verzichtet auf Spuk und Hokuspokus, dafür hat sie für die Alraune eine Nebenrolle in der klandestinen göttlichen Heilsgeschichte vorgesehen, wie einleitend schon gesagt wurde.

Andere Namen

Erdmännlein, Galgenmännchen, Zauberwurzel, Mandragora officinarum (Frühlingsalraune), Mandragora autumnalis (Herbstalraune).

Enthaltene Gifte

Die Tropanalkaloide Atropin, Cuscohygrin, Scopolamin. Letzteres ist für Anwendungen in der Palliativmedizin in der Liste der unentbehrlichen Arzneimittel der Weltgesundheitsorganisation aufgeführt.

Giftwirkung beim Menschen

Steigerung des Blutdrucks und der Herzschlagfrequenz, Fieber, Muskelzuckungen, Halluzinationen, Mundtrockenheit, Darmverschluss. Scopolamin wirkt bei leichter Dosierung beruhigend, bei stärkerer führt es zu Apathie.

Verwendung

Der Hauptwirkstoff Scopolamin ist in Augentropfen zur Pupillenerweiterung, in Pflastern gegen Brechreiz oder Mitteln zur Krampflösung. Von Kriminellen wird er als K.-o.-Tropfen verwendet. Die Alraune gilt als eine der bedeutendsten Arzneipflanzen der griechischen und römischen Antike. Sie zierte sogar das Titelblatt des Arzneibuches Materia Medica des griechischen Arztes Dioskurides. Bei ihm heißt es zur Verwendung als Narkotikum: »Man macht einen Wein aus Rinden und Wurzeln […], denn sie fallen dadurch in einen Schlaf, der ihnen alle Empfindlichkeit nimmt; die Chirurgen brauchen dieses, wenn sie jemanden etwas am Leib abschneiden oder brennen wollen.«[17] Auch in der arabischen Medizin kam sie anno dazumal bei Operationen zur Anwendung, wie auch Opium und Bilsenkraut. Daher starben die Patienten manchmal nicht an ihrem Leiden oder während der Operation, sondern an einer Überdosis.

In früheren Jahrhunderten sprachen viele über Pflanzen, als hätten sie eine Seele, ein Bewusstsein, einen Charakter – entweder sie waren gut und heilsam oder sie waren böse und gerissen. An Kindern kann man dieses Verhalten auch heute noch beobachten: Im Spiel mit ihrer unmittelbaren Umgebung, mit Insekten, Steinen, Blumen, Sträuchern, Gräsern erfahren sie die Welt; indem sie den natürlichen Wesen und Dingen menschliche Eigenschaften und eine Bedeutung zuschreiben, lernen sie, sich in ihr zu orientieren. Den modernen Erwachsenen scheint dieser zugeneigte Blick verloren gegangen zu sein.

Tollkirsche

Eine veritable Heilige unter den vergangenen Eigenschaftszuschreibern war Hildegard von Bingen, die Gottes vegetabile Schöpfung eindrucksvoll umfassend in Gift und Heil sortierte. Ästhetisches Empfinden und luzide himmlische Eingaben halfen ihr dabei. So machte sich die Äbtissin im Pfälzer Kloster Disibodenberg daran, die Welt kraft ihrer aristokratischen Intuition in Kellertiefen und Himmelswolken aufzuteilen. Allerdings mutet die erfahrungsgesättigte, kindliche Unschuld ein wenig ramponiert an, wenn sich eine Heilige so schwerer Eichenholzschubladen bedient. Der Lauch etwa fand sich plötzlich bei den »Küchengiften« wieder, ganz anders als der Rosmarin.

Die Hildegard der Gegenwart ist Peter Wohlleben, ein weltbekannter, hagerer Forstmann aus der Nordeifel. Er versteht sich, den Wanderrucksack gut gefüllt mit allerhand naturwissenschaftlichen Studien, auf die Wiederverzauberung der Welt. Aber er tut dies auf eine recht knochige, deutsche Art. Die sucht die Leichtigkeit und das Leben und findet den Zeigefinger und das Lehrbuch. In

Wohllebens Büchern wird der Wald zum Netzwerk einer wechselseitigen Sympathie. Bäume bilden hier Sozialgemeinschaften, sind geradezu mitfühlend: »Eine Kette ist nur so stark wie ihr schwächstes Glied – dieser alte Handwerkerspruch könnte von Bäumen erfunden worden sein. Und weil sie das intuitiv wissen, helfen sie sich bedingungslos untereinander aus.«[18] Wohllebens Leser lesen teilnahmsvoll von Baum-Intuition, freundschaftlichen Verbindungen, gesellschaftlicher Rücksichtnahme, denn Wohlleben selbst liest das Ganze schließlich im natürlichen Buch des Waldes. Und obwohl seine Interpretationen den Kitsch nicht scheuen, entfalten seine Bücher ihre Wirkung. Wer sie liest, empört sich mit Wohlleben über den maschinellen Frevel an den Wäldern, über die tiefen Spuren der Holzerntemaschinen. Hier wirkt der technische Mensch gegen die gute Natur.

Irgendwie anders las sich das Buch der Natur noch bei Heinrich Heine. Bei ihm im Pariser Exil haben auch die giftigen Gewächse ihren Platz, wenn auch in hin- und hergerissener Erinnerung an seine geliebten deutschen Gespenster. Ist aber nicht gerade das interessant: Ausgerechnet in der sogenannten Epoche der Romantik, die mit Heine flog und die von Heine begraben wurde, durfte die Natur noch eine ambivalente Rolle spielen. Und wo Heine ein Symbol für die preußisch entseelte Giftgestalt sucht, da findet er nicht Buchen- oder Eichenwald, sondern ironischerweise – die Alraune. Die Ironie liegt in der impliziten Feststellung, dass deutsche Entseelung und deutsche Romantik zwei Seiten derselben Münze waren. Um diese Einsicht auszudrücken, verweist Heine mit dem Bild der Alraune auf den im Mittelalter verbreiteten und von der Schwarzen Romantik schaudernd aufgegriffenen Aberglauben, dass eine unter einem Galgen wachsende Alraune die Lebenskräfte der dort Hingerichteten aufnähme, und zwar vermittels der hinabgefallenen Urintropfen und Samensäfte. Heine schreibt:

> *Diese Wurzel wächst unter dem Galgen, wo die zweideutigsten Tränen eines Gehenkten geflossen sind. Sie gab einen entsetzlichen Schrei, als die schöne Isabella sie dort um Mitternacht aus dem Boden gerissen. Sie sah aus wie ein Zwerg, nur daß sie weder Augen, Mund noch Ohren hatte. Das liebe Mädchen pflanzte ihr ins Gesicht zwei schwarze Wacholderkerne und eine rote Hagebutte, woraus Augen und Mund entstanden […] mit ihren holdseligen Rosenlippen küßte sie ihm das Hagebuttmaul ganz schief; sie küßte ihm vor Liebe fast die Wacholderäuglein aus dem Kopf; und der garstige Knirps wurde dadurch so verzogen, daß er am Ende Feldmarschall werden wollte und eine brillante Feldmarschalluniform anzog und sich durchaus »Herr Feldmarschall« titulieren ließ.*[19]

Die Küsse der Naivität machen aus der Pflanzenwelt hier geradezu einen Zombie. Heine enthält sich gewiss der spannenden Versuchung, die Kreaturen in Giftig und Gütig zu sezieren. Sein Kompass ist zeitlos, und er versteckt ihn nicht: »Ich gehöre nicht zu den Atheisten, die da verneinen; ich bejahe. […] Anfang und Ende aller Dinge ist in Gott.«[20]

Es spricht viel dafür, die Natur mit Geschichten zu verzaubern. Würde der Mensch darauf verzichten, wie Heinrich Heine – in zerrissener Erinnerung an alte, enttäuschende Märchen – oder der gutherzige Tomaten-Noah aus Tirol – aus praktischer Sympathie – Pflanzen mit geheimnisvollen Adjektiven zu schmücken, dann würden sie für uns völlig uninteressant werden. Man würde sie, wie so viele Früchte heute, einfach zubereiten und essen, daraus Tee kochen oder Baum- und Strohhäuser bauen, zum Beispiel, um sich in der digitalen Welt als guter Mensch zu inszenieren.

Doch das alles ist Zerstreuung in Langeweile – das Gegenteil von Aufmerksamkeit. Aufmerksamkeit gründet in Erfahrungen, Erfahrungen in Neugier, Neugier in Phantasie. Eines der Kinder solcher

Aufmerksamkeit ist die Analogie. Sie macht Erfahrungen in Schriftform zugänglich und konserviert sie. In diesem Sinne möchte ich mit diesem Buch an die Seltsamkeit der Giftgewächse erinnern, an ihre facettenreichen Wirkungen, an tiefe, bis zum postmodernen Kulturbruch tradierte Symbolik und an die vielen Todesfälle, die sie, beziehungsweise die Scharlatane, die sie verarbeiteten, auf dem Gewissen haben.

B

Giftfurcht

Giftfurcht

Unter der großen Zahl der Gewächse befinden sich nicht wenige, die, wenn sie genossen werden, entschieden nachteilig auf den menschlichen und tierischen Organismus einwirken. Die verderblichen Wirkungen mancher Pflanzen können sich sogar steigern, dass sie den Organismus zerstören. Man nennt Gewächse mit derartigen Eigenschaften Giftpflanzen. Diese durch eigene Erfahrung oder durch Unterricht von anderen kennen zu lernen und sich dadurch vor ihnen zu hüten, ist Pflicht des denkenden Menschen.[21]

Richard Schimpfky (1893)

Vor mehr als einhundert Jahren gab es ein großes Interesse an den Giftpflanzen – das bislang letzte Aufleben dieses Themas, das sich in zahlreichen Sachbuchveröffentlichungen niederschlug. »Im großen Bilderbuche der Natur ist das Kapitel, welches von den Giftpflanzen handelt, unstreitig eines der interessantesten«[22], stellte zutreffend bereits im Jahr 1911 Dr. phil. Martin Philipsohn an seinem Schreibtisch fest, ein studierter Apotheker, später dann Glühstrumpf-, schließlich Pudding-Fabrikant und botanisch wie theologisch breit interessierter Schriftsteller. Ansonsten ist über sein Leben recht wenig bekannt, außer dass er seltsamerweise unter dem Künstlernamen Heinz Welten publizierte.

Bezüglich der von ihm besonders liebevoll studierten Giftpflanzen sei es, so Welten, »schon an sich wunderbar, daß die zarten hilflosen

Geschöpfe im Kampfe ums Dasein über solch furchtbare Waffen verfügen«. Auch bemerkte er die »mannigfachen anderen Geheimnisse, die in der Geschichte der Giftpflanzen wurzeln«.[23]

Am Anfang wollten sich die Pflanzen schützen. Sie hatten dazu verschiedene Mittel, eines waren die sogenannten Gifte. Die Menschen hatten eine gewisse Furcht vor ihnen, aber auch Interesse, denn einige Gifte waren heilsam, obwohl eine Überdosis Heilkraut durchaus ungesund sein konnte.

Als Heinz Welten seine Aufmerksamkeit auf die Giftpflanzen lenkte, tat er dies für seine Zeit auf einem vergleichsweise hohen Komplexitätsniveau. Auch damals, vor nunmehr einem Jahrhundert, erschien schließlich eine Fülle miserabler Sachbücher, die sich von der gegenwärtigen Naturwelle vor allem dadurch unterschieden, dass hier die »Geheimnisse« dieser Pflanzen vorwiegend in den Kategorien von Gut und Böse dargestellt wurden. Neben Informationen über das Viele, was man schon damals aus der chemischen Wissenschaft über Wirkstoffe und Moleküle wusste, enthielten diese Büchlein nicht selten detailreich ausgeschmückte Darstellungen einzelner Vergiftungsfälle. Ob die tatsächlich so passiert sind, erscheint aus heutiger Sicht zumindest fragwürdig. Denn sie berufen sich nicht auf polizeiliche oder klinische Berichte, sondern beziehen sich in aller Regel aufs Hörensagen. So vermengte sich das naturwissenschaftliche Interesse mit der Sensationslust der Leserinnen und Leser, wodurch die Geschichten über Giftpflanzen zu Schauermärchen wurden.

Wissend, dass wir über den Wahrheitsgehalt wohl ewig im Unklaren bleiben werden, möchte ich im Folgenden dennoch immer einmal wieder aus einem dieser Büchlein zitieren. Denn von allen, die ich in den Antiquariaten fand, ist es mit Abstand das witzigste. Josef Pečírka ist sein Autor, ein Arzt aus Prag, der zudem »vormals Professor für Naturgeschichte« gewesen war, so steht es auf dem Titelblatt. Sein Werk aus dem Jahre 1859 trägt den fulminanten Namen:

Die Giftgewächse des österreichischen Kaiserstaates und Deutschlands.
Gemeinfachliche Darstellung ihrer Eigenschaften, der durch sie hervorgerufenen Vergiftungserscheinungen und der ersten Hilfeleistung bei Vergiftungen.
Erläutert durch viele der Wirklichkeit entnommene Erzählungen von Unglücksfällen, welche durch Giftgewächse bewirkt wurden.
Ein Handbuch für Geistliche, Lehrer, Gemeindevorsteher und andere gebildete Leser
von Josef Pečírka,
Doktor der Medizin und Chirurgie, Magister der Geburtshilfe, Mitglied der k. böhmischen Gesellschaft der Wissenschaften und des vaterländischen Museums, praktischem Arzte zu Prag, vormals Professor der Naturgeschichte.
Mit 26 Tafeln kolorierter Abbildungen und 115 Holzschnitten.[24]

Punkt.

Diese und ähnliche Schriften erinnern zunächst daran, dass Giftpflanzen eine bedeutende Rolle im Alltag der immer noch überwiegend ländlichen Bevölkerung spielten: als Heilmittel und als Furchtobjekt. Denn die Kinder spielten unbeaufsichtigt im Wald, das Vieh weidete frei herum, die Umwelt war gefährlich, der Glaube mythisch angehaucht, das Augenlicht schwach, das Fühlen tief. Flora und Fauna waren wilder und vielfältiger als heute, es gab also durchaus ein höheres Risiko.

Obwohl bereits im Rückzug begriffen, waren Volksmedizin und Wunderglaube zu Lebzeiten Pečírkas noch weit verbreitet. Der Zugang zu Büchern, Ratgebern und medizinischer Literatur ließ zu wünschen übrig, und so interessierten sich auch Dorfautoritäten wie Lehrer und Pfarrer für Vergiftungserscheinungen, denn gab es vor Ort keinen Arzt, suchten die Leute eben deren Hilfe, so wie man heute beim Giftinformationszentrum anruft.

Wie die Brüder Grimm im frühen 19. Jahrhundert – zu einer Zeit, in der die Menschen das Erzählen allmählich einzustellen begannen und stattdessen lasen – durch die Dörfer zogen, um mündlich überlieferte Märchen schriftlich zu dokumentieren, sammelten Autoren wie Josef Pečírka Geschichten vom Tod durch Giftpflanzen, als deren Stunden in der Medizin wie im Aberglauben beinahe gezählt waren. Das Büchlein des aus heutiger Sicht bedeutungslosen Prager Mediziners hat daher nicht nur einen hervorragenden Unterhaltungswert, sondern auch eine feste Moral: Giftpflanzen sind unabkömmliche Heilmittel, aber sie gehören in die Hände von Ärzten und nicht in die des ungebildeten Volkes. Weil das Volk aber nun mal ungebildet war, gerät die Anekdotensammlung zu einer Burleske des Kotzens und Siechens. Das Dorfvolk war nicht nur die meiste Zeit hungrig, sondern anscheinend auch besoffen und chronisch lebensmüde – diesen Eindruck könnte man jedenfalls bei der Lektüre gewinnen, und wird darin bestärkt durch die Reiseberichte von Rudolf Virchow, dem berühmten Hygieneprofessor aus Würzburg, der damals die Dörfer des Spessarts besuchte, von Krommenthal bis Steinau, und ein Bauernleben bezeugte, das sich allzeit an der Grenze zur Tuberkulose, in Unterernährung und Apfelweinrausch, sexuell ungezügelt und kinderreich in engen, zugigen Fachwerkhäusern abspielte. Da konnte die Giftpflanze durchaus mal eine ersehnte Pforte ins vorzeitige Paradies öffnen. Dokumentiert sind bei Pečírka aber vor allem die vielen Unglücksfälle aufgrund grober Fehlmedikation, bildhaft geschildert in all ihrer Erbärmlichkeit.

Pečírka unterschied die toxische Flora noch in »betäubende«, »scharfe oder reizende« sowie »betäubend-reizende Giftpflanzen«.[25] Das heutige Bundesinstitut für Risikobewertung differenziert hingegen nach Zimmer- und Gartengewächsen und vergibt überhaupt nur für zehn der mitteleuropäischen Giftpflanzen seine höchste Giftigkeitsstufe »+++«, was die Gefahr schwerer bis tödlicher Vergiftungen anzeigt. Von diesen zehn sind wiederum nur vier mit dem Totenkopfsymbol gekennzeichnet:[26]

- Wasserschierling (vor allem die Wurzel) ☠
- Eisenhut (vor allem die Wurzel) ☠
- Herbstzeitlose (vor allem die Knolle und Samen) ☠
- Wunderbaum (Samen) ☠
- Wandelröschen (Beeren und Kraut)
- Bilsenkraut (Blätter und Samen)
- Stechapfel (Blätter und Samen)
- Tollkirsche (Früchte, Wurzeln und Blätter)
- Eibe (Nadeln und Samen)
- Seidelbast (Rinde, Samen, Blätter, Blüten)

Wie und warum all dies möglich ist – die Entstehung von Giften, Drogen und Arzneien aus bloßem Grün, allein mit den Mitteln der Fotosynthese –, auch das ist Teil der Geheimnisse. Giftpflanzen sind in diesem Sinne, wie alle Pflanzen, Alchemisten. Aus nichts als Sonnenlicht, Wasser, Kohlenstoffdioxid und Bodenmineralien bilden sie merkwürdige Frostschutzmittel, Narkotika, Halluzinogene oder milchig-gelbe opiathaltige Säfte, von denen früher angenommen wurde, dass sie gegen menschliche Hühneraugen hülfen.

Giftpflanzen sind also starke Persönlichkeiten mit hervorragenden Abwehrkräften. Mit anderen Worten: Sie verfügen über Resilienz. Dafür haben sie in den Jahrmillionen der Evolution ihre raffinierten Techniken entwickelt. Giftpflanzen sind die wahren Lebenskünstler, und ihre seltsamen Blütenstände oder verzweigten Blätter, ihre prallen Beeren oder zarten Samen verkörpern die Ästhetik des Widerstands.

Wären sie die Bösewichte der Natur, wären sie nicht so gefährdet. Doch

Bilsenkraut

Tatsache ist: Giftpflanzen sind besonders schutzbedürftig, denn ihre Biotope schwinden. Die Ausbreitung von leicht verdaulichen Monokulturpflanzen wie Mais, Weizen und Soja nimmt ihnen die Lebensräume. Paradoxerweise ist es also gerade die Landwirtschaft, von der wir leben, die ihnen zum Gift wird.

Nur ein Beispiel unter vielen ist das Gottes-Gnadenkraut, das auf Feuchtwiesen, in Mulden oder an naturbelassenen Flussufern wächst. Durch Trockenlegung und Zersiedlung ist es in weiten Teilen seines früheren europäischen Verbreitungsgebietes heute kaum noch vorzufinden.[27]

Auch zum Gottes-Gnadenkraut hat Josef Pečírka Vergiftungsgeschichten gesammelt. So ereignete sich in Österreich in der Mitte des 19. Jahrhunderts folgender Todesfall aufgrund der Einnahme eines Gottes-Gnadenkraut-Saftes:

> *Eine achtundvierzigjährige Frau, die an Flechten litt, nahm auf Anrathen eines Kräutermannes Elyxiere aus einer Abkochung von Gnadenkraut mit Hafelwurz. Sie bekam eine fürchterliche Mutterwuth nach dem vierten Elyxiere, dazu gesellte sich eine krampfhafte Zusammenschnürung der Kehle mit Wasserscheu und allgemeinen Zuckungen. Dieser schreckliche Zustand dauerte in gleicher Stärke durch zwei Tage und die Kranke starb, ungeachtet die zweckmäßige ärztliche Hilfe angeordnet wurde.*[28]

Da war die Flechte gewiss nicht das größere Übel, und im Rückblick fällt es leicht zu sagen, dass nicht das Gottes-Gnadenkraut, sondern der Kräutermann das wahre Problem gewesen ist. So kam es gemäß der Quelle in mehreren Dörfern zu vergleichbaren Fällen, und sie trafen nicht selten sehr junge Frauen:

Gottes-Gnadenkraut

Interessiert Sie dieser Name? Das Gift stammt hier, dem Namen nach, nicht von Teufeln oder anderen Schurken der Unterwelt, sondern von Gott persönlich, vielleicht als Frucht seines allzeit gerechten Zorns – und doch zeigt sich darin auch seine Gnade, denn der Genuss des Krautes kann geradewegs ins Paradies führen.

Auf feuchtem, lehmigem Boden ist, beziehungsweise war es anzutreffen, auf Moorwiesen oder an Bachufern, in Gräben und am Rand von Tümpeln. Zur Familie der Wegerichgewächse gehörend, ist es an seinen gezackten, spitzen, gelblich-weißen Blüten im Juni und Juli leicht zu erkennen. Es duftet nicht, doch schmeckt es bitter und brennend. Es wird meist zwanzig oder dreißig, höchstens aber sechzig Zentimeter hoch.

Andere Namen

Allerheiligenkraut, Erdgalle, Gichtkraut, Gratiola officinalis.

Enthaltene Gifte

Die beiden Glykoside Gratiogenin und Gratiotoxin. In den Blättern Cucurbitacin E und I. Der bittere Geschmack der Cucurbitacine, mit denen das Gratiogenin chemisch nahe verwandt ist, soll Pflanzenfresser abschrecken. Mit anderen Worten: Das Gottes-Gnadenkraut wirkt insektizid. Auch Schadpilze hält es sich so vom Leib.

Giftwirkung beim Menschen

Speichelfluss, Erbrechen, blutiger Durchfall, Nymphomanie, Herzrhythmusstörungen. Kann tödlich sein. Als Hauptrisiko gilt eine unsachgemäße Verwendung als homöopathisches Mittel. Auch vergiftete Kühe können den Schadstoff über die Milch an Menschen weitergeben.

Verwendung

Wegen seiner toxischen Nebenwirkungen wird das Gottes-Gnadenkraut heute kaum noch medizinisch eingesetzt. In früheren Zeiten aber wurde es nicht nur gegen Gicht empfohlen, sondern auch als Abführ- und Entwurmungs- sowie als Liebes- und Abtreibungsmittel.[29]

Ein junges Frauenzimmer von neunzehn Jahren sollte, um einen schmerzhaften Zustand zu bekämpfen, Elyxiere aus Abkochungen des Gnadenkrautes nehmen. Aber anstatt sich mit einem zu begnügen, nach welchem Stuhlentleerungen erfolgen, ließ sie sich mehrere beibringen. Nach dem vierten bekam sie lebhafte Leibschmerzen, worauf sich die scheußliche Mutterwuth mit wahnsinnigen Anfällen einstellte. Dieser fürchterliche Zustand wurde erst nach drei Wochen beseitigt, aber die junge Person behielt, als sie wieder zu sich selbst kam, einen solchen Kummer und Scham wegen der mit ihr vorgefallenen Ereignisse, dass sie sich drei Monate später in einen Brunnen stürzte und darin ihr Leben verlor.[30]

Der »schmerzhafte Zustand«, von dem hier die Rede ist, könnte eine Chiffre für eine uneheliche Schwangerschaft sein, und die kritische Lesart legt nahe, dass bei der bedauernswerten jungen Frau eine Selbstmordspirale in Gang geraten war, von der jedoch unklar scheint, ob gesellschaftliches Gespött, Scham und Schuldgefühle, Drogenmissbrauch oder der Seelenschmerz über das verlorene Kind Folgeerscheinungen oder die Ursachen ihrer Tragödie waren.

Eines jedenfalls hat die Vergangenheit der Kräuterelixiere mit der Gegenwart gemein: Zufällige Pflanzenvergiftungen waren und sind selten. Häufiger wurden und werden Pflanzengifte für Selbstmorde und Morde eingesetzt. Doch davon später mehr.

Martin Philipsohns alias Heinz Weltens einschlägige Schrift *Unsere Giftpflanzen* (1911) ist noch interessanter als die Sammlung Pečírkas. Welten schreibt sein Buch sechzig Jahre später als Pečírka, schon am Vorabend des Ersten Weltkrieges, die Industrialisierung und Urbanisierung hat Fahrt aufgenommen, die Informationen gehen sehr viel schneller um die Welt und die Spessartdörfer sind nun – pars pro toto – über Gleise und erstaunliche Viadukte aus mächtigen Sandsteinblöcken mit den qualmenden, pulsierenden Städten verbunden. Der alte Wunderglaube ist aus dieser Welt weitgehend verschwunden, viele Gifte sind mikroskopisch erforscht – und werden zunehmend metaphorisch politisiert. Bald schon werden die Träger demokratischer Überzeugungen von der faschistischen Propaganda zu Verbreitern »widernatürlicher« Gifte erklärt. Eine Ahnung davon scheint als Hintergrund bereits in Weltens Text auf, der als subtiler Essay zu lesen ist. Die kluge Widerstandsfähigkeit der vermeintlich hilflosen Pflanzen wird bei ihm zur politischen Chiffre für den politischen Überlebenskampf des liberalen, demokratischen Bürgertums.

Immer wieder geht es auch bei Welten um das leidige Thema vom »Kampf ums Dasein«, der von den politischen Darwinisten ausgerufen wird und nicht viel später zum bedrohlichen Leitmotiv des Faschismus mutiert. Doch Welten dreht die Metaphorik um: Er macht das Gift zum Mittel der *Résistance*, und das Überleben der Pflanzen in ihrer Vielfalt erscheint als Allegorie des Überlebens der sensiblen, klugen, gütigen Menschen in einer zunehmend feindlich gesinnten Gesellschaft.

In Weltens früherer Textsammlung *Die Waffen der Wehrlosen* von 1908 heißt es in Anspielung auf den darwinistisch gefärbten Jargon jener Zeit:

Gottes-Gnadenkraut

Der Kampf zwischen Tier- und Pflanzenwelt ist der älteste, den wir kennen, und so müßten ja längst alle Pflanzen ausgerottet sein, auch wenn sie sich mit wenigen Ausnahmen stets in der Defensive halten und der animalischen Partei die Aggression überlassen. Die-

ser Kampfart entsprechen auch ihre Waffen. Ein häufig angegriffenes Volk wird bald daran gehen, sich eine Festung zu bauen [...]. Der Kampf zwischen Tier- und Pflanzenwelt ist ein Festungskrieg, und die Festung, in der sich die Kinder Floras so tapfer wehren, daß der schon Jahrtausende zählende Kampf noch heute unentschieden ist, – ist die Erde. [...] So stehen sich zwei Heere gegenüber, Angreifer und Verteidiger. Doch während der erstere nur immer dieselben Hilfsmittel zu verwenden weiß, die Zähne, Hufe und Hörner, hat der letztere im eisernen Zwange der Notwendigkeit es verstanden, sich mehr und mehr zu vervollkommnen, so daß er in Ruhe seinen Gegner erwarten kann. Der schwächere, der den Kampf auf eigenem Gebiet in der Defensive kämpft, wird hierdurch dem stärkeren Feind ebenbürtig [...] eine Erscheinung, die wir auch im politischen Leben gelegentlich beobachten können.[31]

Aus dieser Perspektive sind Dornen und Rinden, Zwiebeln und Knollen, Widerhäkchen und Brennhaare Wunder der Überlebenskunst. Das Buch der Giftpflanzen derart als ästhetische Geschichte des politischen Widerstandes zu schreiben, war eine kulturgeschichtliche Innovation, die bis heute kaum gewürdigt, vielleicht nicht einmal begriffen wurde.

Heinz Welten und Josef Pečírka schreiben zu unterschiedlichen Zeiten, zu unterschiedlichen Zwecken und für unterschiedliche Zielgruppen. Aber sie haben eine Gemeinsamkeit: Beide verstehen sich als Aufklärer gegen die menschliche Dummheit und Bösartigkeit. Pečírka leitet sein Büchlein bereits entsprechend ein:

Der allgütige Schöpfer der Welt hat gar kein Giftgewächs erschaffen. [...] Denn es gibt, im strengen Sinne, gar kein Gift. Nur der Menschen Unwissenheit oder Unverstand, Begehrlichkeit oder Böswilligkeit macht gewisse, in kleiner Gabe schon stark wirkende

Stoffe zu sogenannten Giften […] und es wäre wahrlich übel mit der Arzneikunst bestellt, wenn es keine sogenannten Giftpflanzen gäbe.[32]

Von Zeit zu Zeit kommt es denn auch vor, dass ein Mensch durch den Verzehr einer Giftpflanze stirbt, von der er niemals geahnt hätte, dass es eine war. Solche Versehen ereignen sich selbst noch in unserer Zeit. Entsprechend entsetzlich ist jenes Geschehen aus dem Jahr 2015, als in Ellwangen ein neunundsiebzig Jahre alter Hobbygärtner eine Zucchini aus dem eigenen Garten aß und daran starb. Sie haben richtig gelesen: an einer Zucchini. Der Grund dafür war, dass sich deren Elternpflanze in unmittelbarer Nachbarschaft eines Zierkürbisses befunden hatte und die selbst nachgezogenen Samen dadurch tragischerweise bitterböse Zierkürbisgenetik enthielten: Cucurbitacine. Folgerichtig warnten die Behörden anschließend vor dem Verzehr bitter schmeckender Zucchini, da es solche Fälle sogar gehäuft gegeben habe.[33]

Dies erinnert daran, dass die Gefährlichkeit von Pflanzen durch die Kategorien des Bundesinstituts für Risikobewertung nicht hinreichend erklärt ist, sondern immer von der konsumierten Menge und dem Gesundheitszustand des Menschen abhängt, der sie zu sich nimmt. Das tödliche Zucchini-Mahl ist zwar ein höchst seltener Fall, verweist letztlich aber auf ein allgegenwärtiges Risiko. Denn nicht wenige unserer täglichen Leib- und Magenpflanzen sind im Grunde genommen giftig. Insbesondere Bohnen sind hier neben den Zierkürbissen zu nennen. Bohnen sollten niemals roh verzehrt werden.

Die giftige Geschichte von Dummheit und Dreistigkeit hat viele Kapitel. Welten erwähnt beispielsweise aus einer Quelle des 16. Jahrhunderts den Umstand, dass Speisen damals ein wenig Tollkirschenwurzel beigemischt worden sei, um den Appetit von kräftigen Essern zu zügeln.[34] Eine allzu schwäbische Sparmaßnahme, die von den Gästen gelegentlich mit dem Tod bezahlt worden sei. In anderen Fällen – hier ließe sich demgegenüber von Großzügigkeit sprechen – streuten böse Hausherren ihren Besuchern reichlich Tollkirschenwurzelpulver in den Wein, um sich an den lustigen Zuckungen der »Betrunkenen« zu erfreuen. Das schnell einsetzende Trockenheits- und Lähmungsgefühl im Mund erhöhte den Durst der Trinker dabei nur noch mehr – ein toller Teufelskreis. Dafür mussten die ungenierten Gastgeber alsbald Erbrochenes vom Boden wischen lassen, eine gerechte, aber allzu milde Strafe für ihre Missetat. Und man muss sagen: Im besten Fall blieb es beim Mageninhalt. Denn bei schlimmeren Vergiftungen tritt zudem blutiger Schaum vor den Mund, am Körper bilden sich blaue Flecken, und dann ist es meist zu spät. »Die Leichen faulen schnell und werden überall schwarzblau«, berichtet Welten. Sie nehmen also die Farbe der Tollkirsche an, aber nicht deren Schönheit und Glanz.

Welchen Schrecken die Giftpflanzen zu früheren Zeiten noch auslösten, sieht man an den vielen zeitgenössischen Berichten über tote Schwarzwälder Bauernkinder. Deren Leben gingen unter anderem auf das Konto des Seidelbasts, der durch den Wohlduft seiner zartrosafarbenen Blüten anzulocken weiß. So auch im Falle der arglosen Kinder von Bergbauern, die von den roten Beeren des Seidelbasts aßen, wie der Autor Richard Schimpfky 1893 festhielt.[35] Sie kehrten mit schweren Magenkrämpfen zu ihren Eltern zurück und starben am nächsten Morgen.

Die Dosis, die Kinder, Tiere und Mordobjekte verzehrten, war oft zum Leben zu hoch, doch zum schnellen Sterben zu gering. Der Schrecken lag folglich im langsamen, qualvollen Siechtum. Und weil das kein leicht erträglicher Anblick war, machte sich ein gewisser Friedrich L. Baer, hochambitionierter Student der Chemie, bereits im Jahr 1822 auf die Suche nach den Giften, die in der Rinde des Seidelblasts schlummern. In seiner Dissertation an der Universität

Tübingen, unter dem Vorsitz der Koryphäe der Pflanzengiftchemie Professor Christian Gottlob Gmelin, schrieb er folgende Einleitungsworte:

Obgleich, unseres Wissens, von der Rinde des Seidelbasts selbst noch keine Analyse erschienen ist, so fehlte es doch nicht an bedeutenden Vorarbeiten. So hat namentlich Lartigue mehrere Versuche über diese Rinde angestellt, aus denen erhellt, dass das scharfe Princip derselben harzigter Natur ist, dass Aether dem wässrigten Extract der Rinde eine gelbe Materie entzieht, die den Mund stark reizt, und auf der Haut Blasen macht; dass Alcohol dem wässrigten Extract alle Schäfte entzieht; dass sowohl Wasser als Essig das scharfe Princip der Rinde auszieht. Ferner will er gefunden haben, dass die durch Alcohol erschöpfte Rinde nicht gänzlich ohne Wirkung auf die Haut sey. […] Der größte Theil des scharfen Princips bleibt in Verbindung mit einem grünen Harz, so dass nach Vauquelin entweder das scharfe Princip selbst harziger Natur ist, oder mit dem Harz eine sehr innige Verbindung herstellt.[36]

Es fällt hier, inmitten aller Rätselhaftigkeit, ins Auge, dass die frühe chemische Wissenschaft eine ganz eigene Art hatte, von Gift zu sprechen: Die Rede ist vom »scharfen Prinzip«. So als wollte man das Märchenhafte und Mittelalterliche abschütteln und endlich zur Sache kommen. Aber vielleicht waren es ja gerade die Märchen, Sagen und Legenden, die vom Spessart bis in die italienischen Alpen kursiert haben mögen, welche die Wissenschaft auf ihre Untersuchungsobjekte brachten: Schon der Rauch brennender Seidelbaststräucher könne den Tod bringen, glaubte das Volk.[37] Also fürchtete es den Seidelbast nicht nur als Speise, sondern auch als Nachbarn.

So abergläubisch das Landvolk teils gewesen sein mag, so vielseitig verwendeten andere die Früchte des Seidelbasts. Maler gewannen rote Farbe aus ihnen, Kinder schminkten sich damit die Gesichter.

Kalebasse

Ungenießbar bis giftig können große und bittere Exemplare sein. Die Kalebasse wird in der Literatur mal den essbaren, mal den giftigen Kürbissen zugerechnet. Ihre Gefährlichkeit scheint gemein, versteckt sie sich doch in der Verkleidung einer süßen Wassermelone. Aber andererseits scheint sie nicht allzu gemein, denn die Kalebasse verrät ihre Eigenart dank ihres schlanken Giraffenhalses. Manch einer sieht darin auch einen Kobrakopf, manch anderer einen Phallus. Der Gehalt an Cucurbitacinen kann unabhängig von der Analogiebildung des Betrachters gemeingefährlich sein, oder eben halt auch nicht: nur junge, weiche Früchte sind essbar, gekocht wie roh.

Weiß blüht sie, die Kalebasse, und ob ihr Hals gerade oder krumm wächst, hängt davon ab, ob sie rankt oder am Boden wächst. Nicht nur wilde Kreuzungen können Sorten mit höherem Giftgehalt ergeben, sondern auch biotischer Stress durch Schädlingsbefall oder Trockenheit. Daran sieht man, dass aufgrund des Klimawandels und der zunehmenden Hitzeperioden ganze Gattungen hinsichtlich ihrer Giftgefahr überdacht gehören. Die wirklich bitteren Früchte sind jedoch eher die Ausnahme, sodass Wissenschaftler, die ihre Gifte erforschen, sogar ausdrücklich um Einsendung solcher Exemplare bitten. Will man sich dagegen verlässlich an einem Kürbis vergiften, sind Zierkürbisse die bessere Wahl. Der Turbankürbis, der noch im Winter das Gemüsebeet mit seiner Hässlichkeit schmückt, oder die kleine Bicolor Pear sind da nur zwei Möglichkeiten.

Zier- und Speisekürbisse können im Garten ohne Probleme nebeneinander angebaut werden. Gefährlich wird es erst, wenn man wild wachsende Nachkommen im Folgejahr verspeist oder selbstgezogenes Saatgut verwendet.

Andere Namen

Schlangenhals, Flaschenkürbis, Lagenaria siceraria.

Enthaltene Gifte

Cucurbitacine.

Giftwirkung beim Menschen

Ähnlich wie beim Gottes-Gnadenkraut: hoher Speichelfluss, Erbrechen, Durchfall. Besonders gefährdet sind alte Menschen und kleine Kinder.

Verwendung

Bodendeckende Gartenbegrünung oder ausgehöhlt als dekoratives Ziergefäß.

In Russland soll aus der Rinde Papier gemacht worden sein, und bei Welten liest man, dass in Lappland Seidelbast von Kranken eingenommen worden sei, um Magengeschwüre »zu öffnen«.[38] Da möchte man sich gar nicht vorstellen, was schmerzhafter war, das Gelingen oder Misslingen dieser Intervention.

Aber was nützte das alles, wenn die Kinder im Wald doch wieder von den roten Beeren aßen, starben, und mit ihnen alle Zukunft. »Und gerade die schön rothen Beeren des gemeinen Seidelbastes sind äußerst gefährlich, weil sie anfänglich keinen Geschmack haben, wohl aber durch ihren Saft kühlend sind«, hielt Pečírka im Jahr 1859 fest.[39] In Neuseeland und Australien treten manche Seidelbastarten als grüne, weiche Büsche in Erscheinung, auch sie tragen rote Beeren, und zum Leidwesen des dort lebenden Viehs sind sie in Gänze gut zu fressen, was bis in die Gegenwart hinein immer wieder einmal zu einem Massensterben von Herdentieren führt. Denn anders als die Menschen sind die Tiere seit Beginn der naturwissenschaftlichen Revolution nicht schlauer geworden.

Seidelbast hinterlässt auch bei Überlebenden Spuren. Selbst sehr starke Männer, die eine Vergiftung überstanden haben, sind nicht mehr die Alten und weisen Symptome auf, die hinsichtlich ihrer Persistenz und Lähmungskraft mit jenen von Long Covid vergleichbar scheinen:

> *Ein starker Bauersmann in den besten Jahren nahm als Hausmittel gegen Stuhlverstopfung 40 getrocknete Seidelbastbeeren, glücklicherweise ungestoßen ein. Den anderen Tag stellte sich eine heftige Magen- und Darmentzündung, samt den übrigen Erscheinungen ein […] und ein allgemeines Hinsiechen des früher sehr gesunden Mannes war noch nach zwei Jahren bemerkbar.*[40]

Hätte der Bauer die Beeren zuvor gestoßen, hätte sich das Hinsiechen um einiges beschleunigt, denn in den Samen ist die Giftkonzentration vielfach höher als in Rinde, Blatt und Fruchtfleisch.

Kein Tod durch Giftpflanzen aber ist schrecklicher als der durch Schierling. Über Jahrhunderte war dieser die Mordpflanze schlechthin.

Der Tod beginnt mit einer Reizung der Mundschleimhaut. Die Reizung wird zu einem Brennen, das Brennen zu einem Feuer. Unstillbarer Durst ist die Folge, doch bald schon fällt das Schlucken schwer, dann wird es unmöglich. Der Schmerz zieht weiter in den Magen, verursacht Krämpfe und Übelkeit bis zum Erbrechen. Das Erbrochene ist nicht orange oder gelb, wie man es bisweilen sonntagmorgens vom Bürgersteig kennt, sondern vielmehr tiefrot, denn der Magen hat zu bluten begonnen. Furchtbare Durchfälle folgen.

Das Gesicht des Vergifteten: leichenblass. Die Haut fällt ein, die Augäpfel ziehen sich zurück. Nun wird auch das Atmen und Sprechen immer schwerer. Der Puls sinkt und steigt, als drehe jemand ständig am Rädchen. Der Körper kühlt aus. Doch der Vergiftete fühlt eine Höllenhitze. Kalter Schweiß tritt auf die Stirn. Zuckungen, Ohnmacht, Tod.

Und das alles verursacht von einer unscheinbaren Pflanze mit zarten weißen Blütenschwämmen, die an Holunder erinnern.

Seidelbast

Der Schierling ist bis heute ein Medienthema. Das Kraut komme den amerikanischen Städten immer näher und schrecke auch vor Gärten nicht zurück, meldete die *USA Today* im Jahr 2021. Das sei ein neues Phänomen. Bislang habe die »ursprünglich aus Europa in die USA gebrachte Pflanze« dichter besiedelte Gebiete gescheut. Das mache »ein bisschen Angst, weil diese Pflanze sehr giftig ist und Kinder leicht damit spielen und sie auch an Haustiere verfüttern«, so wird ein Naturschutzbiologe zitiert.[41]

Seidelbast

Der bis zu 1,50 Meter hohe Strauch mag feuchte Bergwälder und blüht schon rosa, oder auch mal lila, noch bevor die Blätter ausschlagen. Das scheint alles recht idyllisch, aus den Blüten aber werden, ehe Gevatter Herbst vor der Tür steht, rote, gefährliche Beeren. Sie duften herrlich und erinnern so manches unkonzentrierte Kind wohl an die Johannisbeere. Erwachsene, die eine Leidenschaft fürs Scharfe haben, könnten sie durchaus mit Rotem Pfeffer verwechseln. Insgesamt ist der Seidelbast recht nett anzusehen, weshalb er auch eine beliebte Gartenpflanze ist. Zu den Seidelbastgewächsen zählen global rund fünfzig Gattungen und neunhundert Arten. Allein über sie könnte man also ganze Bücher schreiben.

Andere Namen

Bergpfeffer, Kellerhals, Daphne mezereum.

Enthaltene Gifte

Die beiden Phorbolester Mezerein und Daphnetoxin, dazu noch einige weitere wie Gnidizin und Huratoxin.

Giftwirkung beim Menschen

Hautentzündungen, Blasenbildung, Blutdurchfall, Krämpfe. Nach dem Genuss von mehr als zehn Beeren ist die Wirkung für Erwachsene wahrscheinlich tödlich.

Verwendung

Die Gifte mancher Arten wurden zur Fischjagd verwendet. Volkstümlich wurde Seidelbast auch gegen Wasseransammlungen im Körper und gegen Wurmbefall in Magen und Darm verabreicht. Die »meisten Vergiftungen sind auf diesen Gebrauch der Beeren als Volksmittel zurückzuführen«[42], wusste Doktor Welten 1911 – doch schon damals war die große Zeit der Volksheilkunde seit einigen Jahrzehnten vorüber. Heutzutage wird Seidelbast kaum noch medizinisch verwendet, höchstens, aber auch das nur äußerst selten, in Medikamenten gegen manche Formen der Leukämie.

Da ist auch viel Hysterie im Spiel – und natürlich die Sehnsucht nach Klicks. Denn bereits in botanischen Büchern des 19. Jahrhunderts kann man über die Verbreitung des Schierlings in den Vereinigten Staaten lesen. Schon damals starben Jahr für Jahr Hunderte Weidetiere allein im Bundesstaat Oregon, weil sie am Wasserschierling knabberten. Und ein 1898 veröffentlichtes Giftpflanzenbuch riet, den Gefleckten Schierling, der an Wegen und auf Müllhalden in New York, New Jersey, West Virginia und Pennsylvania beobachtet worden sei, sofort herauszureißen und zu vernichten, wenn er in der Nähe von Gärten auftrete.[43] Vom Einsatz als Mordinstrument finden sich in amerikanischen Aufzeichnungen dagegen wenig Spuren, das scheint also eher eine europäische Erscheinung zu sein. So wie im schottischen Edinburgh: Um das Jahr 1850 ermordete hier eine Frau namens Hannah Bower ihr zweijähriges Kind mit einem abgekochten Sud des Gefleckten Schierlings.[44]

Zwar hatten die pflanzlichen Gifte bei der Wahl der Mordmethode meist das Nachsehen, da die Großzahl der Giftmörder seit der Antike eine starke Präferenz für Schlangen und Kröten hatte, ein Thema waren sie aber dennoch.[45] Und das seit frühesten Zeiten – die ersten Werke über Giftpflanzen wurden bereits von den durch Persien, Arabien und Ägypten gereisten Griechen Pythagoras und Demokrit verfasst.

Mordfälle mit Giftpflanzen waren und sind so aufsehenerregend wie ausnehmend selten. Wird man doch mal Opfer eines Mordversuchs, hilft manchmal noch schnelles Erbrechen. Die alten Bücher empfehlen dafür das Kitzeln des Gaumens mit einer in Öl getränkten Feder. Heute würde man zum Abführmittel greifen. Ein weiteres Hausmittel, das die alten Ratgeber bei schwächeren Vergiftungen vorschlagen, ist starker schwarzer Kaffee. Und davon reichlich! Denn die Gerbsäure binde die giftigen Substanzen. Ebenso könnten Seifenwasser und Milch, wenn zur Hand auch Brausepulver, jedweder Wein, Hafer- und Gerstenschleim den tödlichen Verlauf verhindern. Im Falle narkotischer Vergiftungen hingegen helfen angeblich Fußbäder und Senfpflaster. Das alles sollten Sie, als Menschen des 21. Jahrhunderts, aber besser nicht beherzigen – rufen Sie lieber sofort den Giftnotruf an! Dort bekommen Sie Tipps auf dem tagesaktuellen Stand der Wissenschaft.

Gefleckter Schierling

Auch was Verwechslungen angeht, sind der Gefleckte Schierling und der Wasserschierling für Menschen besonders gefährliche Arten. Denn sie sind mit Gemüse- und Gewürzkräutern wie Fenchel, Kümmel und Anis verwandt. Und als wäre die Ähnlichkeit der Blätter, Triebe und Samen nicht schon genug, lädt zudem auch die Wurzel zur tragischen Verwechslung ein. Insbesondere Petersilienwurzel, Pastinak und Selleriewurzel sind hier zu nennen. Klarheit schafft da noch am besten die Nase – der üble Geruch verhindert meist die Lieferung der Schierlingswurzel in die Suppenküche. Auch der Schierling ist eben doch kein hinterlistiger Betrüger, der uns ohne Vorwarnung in die Todesfalle locken will.

Gerade der Wasserschierling wurde früher trotzdem immer wieder versehentlich gegessen. Das lag daran, dass Hochwasser führende Bäche und Flüsse die Pflanzen freispülten, und da das Innere der Wurzeln voller Hohlkammern ist, schwammen sie auf dem Wasser mit wie kleine Bötchen aus dem Hades. Welten schreibt dazu:

Keine Giftpflanze hat so viele Opfer gefordert, als der Wasserschierling, und noch immer vergeht kaum ein Sommer, ohne daß neue Fälle bekannt werden. Bald sind es Kinder, bald erwachsene Menschen, die eine Verwechslung des Wasserschierlings mit anderen eßbaren Wurzeln […] mit dem Tode bezahlen müssen. Nicht selten greifen Fischer die Wurzeln im Wasser, die von ihrem Standort losgespült wurden, um sie als Sellerie zu verzehren. Gmellin erzählt einen Fall von acht Kindern, die im März die Wurzeln des Wasserschierlings aus der Wiese fanden und davon aßen. Alle erkrankten unter den heftigsten Schmerzen; sie klagten über Beklemmungen und verdrehten im Krampfe die Augen. Sie bluteten aus den Ohren, der Magen schwoll an und der Rücken krümmte sich im Krampfe zu einem Bogen. Zwei Kinder starben nach kurzer Zeit. Die Leichen schwollen stark an und entleerten aus dem Munde ständig einen grünen Schleim.[46]

Der Mensch ist und bleibt eben ein Wurzelfresser. Wäre es deshalb nicht vielleicht doch besser, man würde den Schierling ausrotten – im Sinne des Vorsorgeprinzips der Europäischen Union? Diese Idee ist alles andere als modern. Schon Pythagoras sinnierte darüber, giftige Pflanzen zu vernichten, wo immer es geht. Nun ja, nicht er selbst tat es, aber immerhin legte es der französische Schriftsteller Sylvain Maréchal im 18. Jahrhundert in einem fiktiven Dialog Pythagoras' Gesprächspartner in den Mund, einem gewissen Monsieur Hierophant:

Pythagoras: […] so wie es Giftpflanzen gibt, so gibt es auch giftige Menschen, wiegt Themis in ihrer Schale die Verbrechen der Wolfswurzel?
Der Hierophant: Ja, werden wir dem Bösewichte antworten: Man rottet das Kraut, welches Schaden tun kann, aus und verbrennt es. Man hat das Recht, dem Bösewicht eine Strafe aufzulegen.[47]

Der Schierling lebt fort. Und selbst im Zeitalter des Internets und künstlich-intelligenter Pflanzen-Apps kommt es noch zu Verwechslungen. Manchmal geradezu wegen des Googelns: Elizabeth Dauncey und Sonny Larsson erzählen in ihrem Buch *Killerpflanzen* von zwei Familien, die ihre Ferien an einem Flussufer verbrachten und im Netz nach Tipps für Freizeitbeschäftigungen suchten. Dabei stießen sie auf die Empfehlung, im Wasser treibendes Schilfrohr zu sammeln und aus dem Inneren einen Brei zu kochen. In all ihrer Gutgläubigkeit taten sie dies, doch fischten sie leider ausgerechnet die Wurzeln des Wasserschierlings aus dem Fluss. Glücklicherweise schmeckte ihnen der Brei nicht, sodass sie nur wenige Löffel davon aßen. Drei Mädchen mussten zwar dennoch ins Krankenhaus, überlebten aber ihre Magenkrämpfe.

Auch was absichtliche Tötungsvergiftungen angeht, spielt der Schierling eine prominente Rolle, und das mindestens schon seit dem 5. Jahrhundert v. Chr., wie Louis Lewin in seinem Werk *Die Gifte in der Weltgeschichte* schreibt.[48] Der bekannteste Fall: Sokrates. Ein weiterer betrifft den pontischen König Mithridates VI., der mit Schierlingsgift Legenden zufolge mehrere seiner Frauen tötete.

Wasserschierling

Auch in der Kriegskunst wurden die verschiedensten Gifte eingesetzt. Vor allem Quecksilber, Arsen und Auripigment fanden hier ihre Verwendung – germanische Krieger vergifteten damit ihre Pfeile, frühneuzeitliche Armeen ihre Kanonenkugeln. Doch ebenso kamen Pflanzen zum Einsatz, etwa Mixturen aus der Wolfswurzel oder der Meerzwiebel. Eine so amüsante wie hinterhältige militärische Taktik ist von den Karthagern überliefert. Sie ist dem schlauen Feldherrn Maharbal zu verdanken.

Gefleckter Schierling

Der gefleckte, ekelhaft riechende Schierling, Teil der Doldenblütlerfamilie, ist auf der nördlichen Erdhalbkugel in gemäßigten Regionen zu Hause, vor allem auf Äckern, am Wegesrand und auf Schutthalden. Er ist eines der wehrhaftesten Giftgewächse überhaupt. Unten am Stiel ist er purpurfarben gefleckt – aus reiner Freundlichkeit, damit wir ihn besser erkennen können. Und groß ist er, sehr groß, übermannshoch, von einem stolzen Wuchs von bis zu 2,50 Metern, wodurch er dem mit ihm verwandten und nicht minder bewundernswert abwehrstarken Riesenbärenklau ähnelt wie ein zweieiiger Zwilling.

Man muss Sokrates nicht kennen, um zu wissen, dass der Schierlingssaft im Jahr 399 v. Chr. sein Schicksal besiegelte. In der griechisch-antiken Hochkultur war das Elixier ein verbreitetes Hinrichtungsmittel.

Die hebräische Bibel weiß, dass sich Gott selbst als Vergifter erwies, als die Israeliten in der Wüste über das Himmelsbrot Manna klagten und Fleisch verlangten. Der zornige Gott sandte seinem undankbaren Volk Wachteln, an deren Genuss viele starben. Dabei wird es sich nach Interpretation historischer Exegese um eine sekundäre Vergiftung gehandelt haben: Die Wachteln wanderten im Mittelmeerraum zur Zeit der Samenbildung des Schierlings und pickten sicherlich hier und da welche auf. Mit der Folge, dass die Juden einen sogenannten Coturnismus (Wachtelvergiftung) erlitten haben könnten.

Viele Tiere sind klug genug und meiden den Schierling, doch gibt es Ausnahmen: Pferde, Kaninchen, Truthähne, Schafe und auch Rinder haben sich schon daran vergiftet. Allerdings muss eine Kuh vier Kilo davon fressen, um zu sterben. Am meisten gefährdet sind unsere allzu hungrigen Schweine. Auch reagieren sie am empfindlichsten auf das Gift.

Andere Namen

Blutschierling, Mäuseschierling, Teufelspeterling, Conium maculatum.

Enthaltene Gifte

Das Alkaloid Coniin – an der Luft wird es schnell braun, zersetzt sich und stinkt wie das Urin von Mäusen. Coniin war das erste pflanzliche Alkaloid, das chemisch synthetisiert werden konnte – schon im Jahr 1886. Das ist dem deutschen Chemiker Albert Ladenburg zu verdanken, der dazu das Verfahren der sogenannten Knoevenagel-Kondensation nutzte.[49]

Giftwirkung beim Menschen

Lähmung der Muskulatur von Kopf bis Fuß, Pupillenerweiterung, Absinken der Körpertemperatur, Durchfall, Übelkeit, Erbrechen, Tod.

Verwendung

Früher wurde Schierling häufig gegen Asthma, Keuchhusten, Epilepsie und auch als Gegengift gegen Strychninvergiftungen eingesetzt. Bis in die 1930er Jahre wurden Schierlingssamen tonnenweise in die Vereinigten Staaten exportiert, wo diese und auch die chemische Synthetisierung vor allem als äußerlich angewandtes Schmerzmittel verwendet wurden. In der Gegenwart findet Schierling nur noch als homöopathisches Mittel bei Gelbsucht und Hautkrankheiten Verwendung. Oder auch bei Impotenz. Aber niemand ist impotenter als ein Toter.

Er vergiftete Weinschläuche mit Tollkirschensaft (andere Quellen sprechen von Alraunensaft), transportierte sie mit dem Kriegstross ins feindliche Land, gab sich in der folgenden Schlacht zum Schein geschlagen und zog rasch ab. Den Wein ließ er zurück. Der frohlockende Gegner hatte seine helle Freude daran. Doch am nächsten Tag kehrten die karthagischen Reiter zurück und errangen einen billigen Sieg.

Von einer gänzlich anders gearteten Taktik berichtet die alte Literatur im Zusammenhang mit dem Hahnenfuß. Dessen Alkaloide führen zu üblen Hautreizungen, und Bettler sollen »diese Pflanze oft auf Stellen ihres Körpers« gelegt haben, »um durch die künstlich erzeugten Geschwüre Mitleid zu erregen«.[50]

Der Hahnenfuß gibt einer ganzen Familie seinen Namen, der mehr als zweitausend bekannte Gewächse angehören, darunter giftige wie Eisenhut und Nieswurz, aber auch essbare wie der Schwarzkümmel. Der Hahnenfüße gibt es also viele, und insbesondere vor dem Gift-Hahnenfuß und seinen Alkaloiden ist zu warnen.

»Vom Genuße selbst erfolgen Schlundschmerzen, grausame Schmerzen im Magen, Bangigkeit, Schluchzen, Schneiden im Gedärme, Zuckungen im Gesichte, ein gezwungenes sardonisches Lachen, und der Tod«, schrieb der Arzt Joseph Frank 1803 in seinem *Handbuch der Toxicologie* über den Gift-Hahnenfuß.[51] Wobei sich Pferde oder Schafe darum nicht zu scheren brauchen. Anders ist das bei den Wolfsmilchgewächsen. Um sie machen die gescheiten Weidetiere einen großen Bogen.

Immense Schäden richteten die Heilpraktiker vergangener Tage mit Wolfsmilchgewächsen an. Doktor Pečírka will von einer Heilpflanzen-gläubigen Person gehört haben, »die auf ihre verschlossenen Augenlider den Milchsaft dieser Pflanze einzureiben gestattete«, dies jedoch schnell bereute, denn schon kurz darauf trat eine »Entzündung ein und zog den Verlust des Auges nach sich«. Blinder Aberglaube!

Die Säfte der meisten Wolfsmilcharten sind ätzend. Und so berichtet Pečírka von diesem Geschehen:

Eine 48 Jahre alte Frau hatte in ihrem 15. Lebensjahre an hinfallender Krankheit gelitten und später davon befreit, kränkelte sie anhaltend, bis sie eines Mittags über Bauchgrimmen klagte, abführte und sich erbrach. […] Eine Freundin rieth ihr, die Abkochung der [warzigen Wolfsmilch] gegen ihren Zustand zu trinken, was die Arme auch that, um das Vertrauen zu der Quacksalberin mit einem sehr schmerzhaften Tode zu büßen, denn ihre Eingeweide waren ganz entzündet.[52]

Nieswurz

Wer solche Freunde hat, braucht keine Feinde mehr. Allerdings ist es auch nicht einfach, den Überblick zu behalten, denn es gibt zahlreiche Wolfsmilchgewächse, denen aber allen gemeinsam ist, dass aus ihren Wunden jener oft so verheerende Saft fließt. Allein der deutsche Name: Wolfsmilch! Der lateinische, *Euphorbiaceae*, klingt da weit weniger abschreckend. Er verweist auf die harmlosen Mitglieder der Wolfsmilchfamilie. Der Name leitet sich von Euphorbus ab, dem Leibarzt von Juba II., dem König Mauretaniens um das Jahr null. Angeblich schrieb sogar der König selbst über die Heilkraft einiger Wolfsmilchsäfte, die damals unter anderem im Atlasgebirge gesammelt werden konnten.

In der Tat zählen im Süden unserer Erde auch einige sehr nützliche Gewächse zur Wolfsmilchfamilie, etwa der (vor dem Genuss unbedingt zu garende) Maniok. Vor allem in Afrika leben große Bevölkerungsteile von ihm.

Weiße Meerzwiebel

Die Weiße Meerzwiebel, heimisch im südlichen Europa und in Nordafrika, zählt zu den Spargelgewächsen, und spargelartig schießt auch ihre Blüte inmitten des Grüns empor. Dieses Grün ist für Rattenfänger interessant. Frisch wie trocken sind die herzwirksamen Gifte der Meerzwiebel für Ratten tödlich, daher wurden damit präparierte Köder lange Zeit zur Bekämpfung der Nager eingesetzt, in der Hoffnung, Seuchen zu verhindern und Nahrungsmittelvorräte zu schützen. Seltsamerweise lassen sich die Ratten vom bitteren Geschmack des Giftköders nicht abschrecken.

Andere Namen

Drimia maritima.

Enthaltene Gifte

Vor allem Glykoside der Gruppe der Bufadienolide, etwa Scillirosid.

Giftwirkung beim Menschen

Herz-Kreislauf-Versagen, erhöhter Blutdruck, Erbrechen, Durchfall.

Verwendung

Sie hat auch Gutes. Schon vorchristliche Quellen bezeugen die harntreibende, abführende, krampflösende sowie antiasthmatische Wirkung der Meerzwiebel-Gifte. Heute taucht sie im Arzneischrank jedoch kaum mehr auf. Und auch bei der Rattenbekämpfung wurde sie von chemischen Varianten abgelöst.

Gift-Hahnenfuß

Anders als der Hasenfuß ist der Hahnenfuß brandgefährlich. Das blasse Gelb seiner Blüten mag noch als hübsch empfunden werden, seine Blätter aber sind von fettigem Glanz. Er wächst in Sümpfen und anderen Feuchtgebieten, wird knie- bis hüfthoch, mit handgroßen Blättern, und blüht ausdauernd im Sommerhalbjahr. Als invasive Art breitet er sich gegenwärtig sogar im Nildelta aus und stellt ägyptische Ökologen damit vor große Herausforderungen, da er heimischen Pflanzen den Platz wegnimmt. Dennoch: Wenn man ihn nicht isst oder sich mit ihm einreibt, tut er niemandem etwas. Was die Ostfriesen nicht davon abgehalten hat, ihn Düwelsbitt zu nennen. »Düwel« ist das friesische Wort für Teufel. Da weiß man doch gleich, woran man ist.

Andere Namen

Ranunculus sceleratus.

Enthaltene Gifte

Das zentrale Gift des Hahnenfuß ist nach ihm benannt: Ranunculin. Nach einer enzymatischen Reaktion im menschlichen Körper wird daraus Protoanemonin.

Giftwirkung beim Menschen

Bei Berührung: schwere Hautreizungen. Bei Verzehr: Ohnmacht, Kopfschmerz, Schwindel und gelegentlich der Tod.

Verwendung

In Pakistan ist die riskante Verwendung als Blutdrucksenkungsmittel bis heute verbreitet.

Kocht man den Maniok nach vorheriger Wässerung und Schälung jedoch nicht lange genug, drohen Augenleiden, Taubheit und Lähmungen.

Die Portugiesen brachten den Maniok im 17. Jahrhundert aus Südamerika auf den afrikanischen Kontinent, und aufgrund seiner nahrhaften, für den landwirtschaftlichen Anbau gut geeigneten Wurzeln breitete er sich dort schnell aus. Die Wurzel des Manioks ist dank ihrer Toxine überaus resistent gegenüber Trockenheit und Schädlingen. So ist die mehrjährige Feldfrucht lange auf dem Acker haltbar und kann nach Bedarf geerntet werden.

Hahnenfuß

Es gibt zwei Sorten Maniok, eine süße und eine bittere. Und obwohl der Giftgehalt der letzteren um ein Vielfaches höher und die Aufbereitung aufwendiger ist, entscheiden sich nicht wenige afrikanische Bäuerinnen und Bauern für diese, denn sie ist noch widerstandsfähiger gegen Insekten und Würmer. Letztlich ist keine Giftpflanze von solch großem Nutzen für die Ernährung der Weltbevölkerung wie Maniok, und man muss sagen: Das ist er gerade, weil er so giftig ist.

Zu den Wolfsmilcharten zählen auch die Kautschukbäume. Eine weitere Art ist der Holzölbaum, der den Grundstoff für Holschutzmittel liefert. Auch der Weihnachtsstern, eine beliebte Zimmerpflanze, ist ein Wolfsmilchgewächs, allerdings eines der ungiftigsten. Schädlicher als die Milch ist im Übrigen oft das Öl, das aus den Samen der Wolfsmilchpflanzen gewonnen werden kann. Eine der gefährlichsten ist der Wunderbaum, auch Rizinus genannt – daher der Name Rizin für eines der potentesten natürlichen Gifte überhaupt.

Auch in unseren Breiten werden Giftpflanzen gelegentlich verkocht. Die *Urtica dioica*, die Große Brennnessel also, eignet sich für die Suppenküche. Sie enthält vor allem Histamin, das auf der Haut zu kurzzeitigen Reizungen führt. Daher sind nur die jungen Pflanzen ein aromatisches Kochgemüse. Schilderungen von Vergiftungsfällen, wie die folgende von Pečírka, scheinen da eher falsch eingeordnet, denn die Symptome deuten mehr auf eine starke allergische Reaktion hin denn auf eine wirkliche Vergiftung:

> *Eine Frau von 38 Jahren war mit einer lästigen Frauenkrankheit und als Folge derselben mit Magenkrampf behaftet. Sie kochte auf Anrathen einer Quacksalberin 4 Loth frisches Brennnesselkraut, trank davon 2 Tassen voll warm und begab sich zu Bette. Morgens 4 Uhr brennt die Haut des Gesichtes, der Arme, der Schultern und der Brust fürchterlich, die Kranke fühlt daselbst Jucken, Erstarrung, Brennen; die Lippen, Ohren, die Nase sind ausgetrieben, die Augenlider geschwollen und fest geschlossen. Mittags sind alle oberen Theile bis zum Nabel ungeheuer geschwollen und mit kleinen, mit Blutwasser gefüllten Blasen bedeckt. Der Arzt, um dem entsetzlichen Brennen und der nicht zu beschreibenden Angst der Kranken Grenzen zu setzen, verordnete das Nöthige und ließ zahlreiche tiefe Einschnitte an den Ohren, der Nase und an der Oberlippe machen, worauf sich viel klare Flüssigkeit entleerte. Diese thaten eine so gute Wirkung, daß, als sie den zweiten Tag zugeklebt waren, die Kranke den Arzt inständig bat, noch mehr einzuschneiden, worauf noch mehr Flüssigkeit abfloß; den 6. Tag war die Frau schon außer Gefahr.*[53]

Doch auch wenn diese Geschichte hinsichtlich ihres Wahrheitsgehaltes mit Vorsicht zu genießen ist, können wir daraus lernen, dass nicht nur amtliche Giftpflanzen lebensgefährlich sein können. Die größere Gefahr war stets der Aberglaube.

Gemeine Wolfsmilch

Die Gemeine Wolfsmilch ist in Mitteleuropa häufig anzutreffen. An dem für die Wolfsmilchgattung stilprägenden weißen, giftführenden Milchsaft, der aus verletzten Stielen, Blättern und Wurzeln austritt, mangelt es ihr nicht. Es war die Gemeine Wolfsmilch, von der Doktor Pečírkas Recherchen ergeben haben, dass Ärzte von Erblindungs- sowie Todesfällen aufgrund von überdosierten Elixieren zu berichten wussten. Bräunlich bis gelblich ist ihr widerliches Wurzelwerk. Dunkelgrün und nierenförmig sind die Blätter. Sie hat runde Blüten, davon mehrere an jeder Dolde. Sie blüht im Mai, mag sandige Wiesen, Ackerränder und Uferböschungen, wodurch sie zu deren Befestigung beiträgt.

Andere Namen

Eselswolfsmilch, Scharfe Wolfsmilch, Euphorbia esula.

Enthaltene Gifte

Wie der (nicht mit ihr verwandte) Seidelbast enthält auch die Gemeine Wolfsmilch Phorbolester, die eine krebserregende Wirkung haben können.

Giftwirkung beim Menschen

Äußerliche Hautreizungen, von denen vor allem Gärtner beim Unkrautjäten betroffen sein können. Magen-Darm-Leiden und Nierenschäden. Schwere Fälle mit Sehstörungen und Schwindel können nach zwei oder drei Tagen mit dem Tod enden.

Verwendung

In der alten Volksmedizin wurden Wolfsmilchsäfte als Abführ-, Schmerz- oder Warzenmittel eingesetzt. Die Harz-Wolfsmilch, die kakteenartig aussieht und im Hohen Atlas wächst, wird bei Schmerztherapien nach Gürtelrosenerkrankungen verwendet.

Die stachelige Brennnessel legt es ja nicht einmal wirklich darauf an, uns Menschen besonders appetitlich zu erscheinen. Vielmehr signalisiert sie mit milden Mitteln ihr Distanzbedürfnis. Und nicht nur was die Brennnessel angeht, sondern insgesamt ist aus der jahrtausendealten Mord- und Übelkeitsgeschichte des Menschen mit den toxischen Gewächsen zu schlussfolgern, dass die vermeintliche Bosheit der Pflanzen nicht das eigentliche Problem ist.

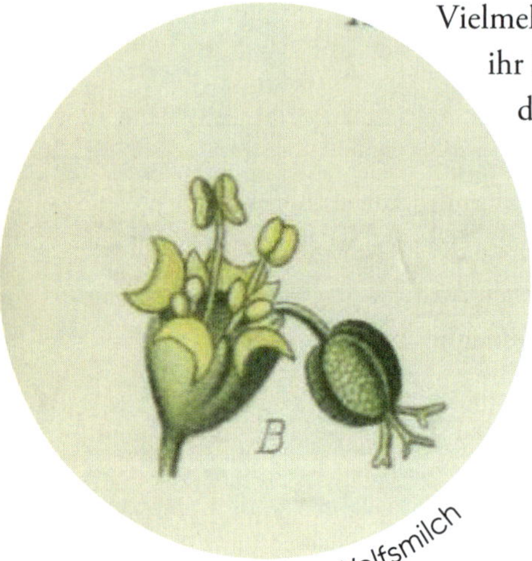

Gemeine Wolfsmilch

1
3

Gifträtsel

Gifträtsel

Erst als die moderne Petrochemie die Massenmärkte erreichte, änderte sich das Verhältnis der Menschen zu den Giften. Arzneimittel wurden präziser und ließen sich zielgenau dosieren. Tödliche Unglücke mit Pflanzenarzneien wurden selten. Während die Umweltprobleme durch die Emissionen der Industriegesellschaften immer mehr in den Fokus des Interesses gerieten, wurde die Natur oder Natürlichkeit zur kulturellen Schablone für das Reine, Gute und Hochwertige. Das ist ein Grund, warum die Giftpflanze nicht mehr wirklich verstanden wird.

Und weil nicht nur der Begriff vom Gift, sondern auch das Interesse am Giftigen höchst abhängig ist von den Zeitumständen, lohnt es sich, einen Blick in die Kulturgeschichte der Vergiftungen und Vergiftungsängste zu werfen.[54] Ist es überhaupt sinnvoll, von »Giftigem« und »Ungiftigem« zu sprechen? Wie kompliziert das alles letztlich ist, offenbaren zwei kurze Abstecher in die Vergangenheit: zum einen in die Geschichte des Begriffes »Gift« und seiner Verwendung, zum anderen in die Geschichte der Giftsymbolik.

Was meinten frühere Autoren, wenn sie »Gift« schrieben? Die Etymologie des Wortes ist nicht weniger vielschichtig als die Wirkungen. Im Gegensatz zur heutigen einseitigen Verwendung im Zusammenhang mit etwas Schädlichem verweist die Geschichte auf verblüffende Doppeldeutigkeiten. Im Mittel- und Althochdeutschen bedeutet »Gift« wie im Englischen: ein Geschenk, eine Gabe.

Heutzutage hallt dies noch ein wenig in dem Wort »Mitgift« nach. Im Altisländischen erfährt der Begriff eine zusätzliche interessante Erweiterung: Hier steht er unter anderem für Glück. Andererseits meint »Gift« auch früher schon eine tödliche Substanz. Im Grunde entspricht diese Bandbreite also treffend der Vielfalt der Gifterfahrungen: Wir kennen Tollkirsche, Kürbis, Kaffee – und somit Tod, Suppe, Cappuccino. Doch im alltäglichen Gebrauch sind sämtliche positive Konnotationen verschwunden. Geblieben ist allein die Furcht einflößende Lebensgefahr.

Diese schwingt auch in der Etymologie des altgriechischen bzw. lateinischen Wortes *dosis* mit, das zwar ebenfalls im Sinne von Gabe verwendet wurde, aber eben auch ein »verhüllender Ausdruck für Gift«[55] war. Erst ab dem 16. Jahrhundert fand das Substantiv »Dosis« (für eine kleine Menge) im deutschen Sprachraum als medizinischer Fachausdruck Verwendung. Der im Englischen und Französischen geläufige Begriff *poison* wiederum stammt vom Lateinischen *potio* ab, dem Trunk. Und das Wort »toxisch« hat seinen Ursprung im griechischen *toxon* (Pfeil) oder aber in der Eibe (*taxus*).

Die Begriffsgeschichte des Giftes ist also verzwickt, man denke nur noch mal an die Bedeutungsebene der Gabe, insbesondere an jene der Hingabe aus Zuneigung: Naheliegend ist die bittere Erkenntnis, dass Liebe, erst recht die verbotene, zum Tod führt. Und dann gibt es ja noch das vergiftete Geschenk, wenn es auch selten ein Tollkirschenstrauß ist. Auch der französische Ethnologe Marcel Mauss verweist diesbezüglich auf die Doppelbedeutung von Gabe und Gift.

Eibe

Gemeine Eibe

Der älteste noch lebende Baum in Großbritannien ist nach dem, was die europäische Baumforschung weiß, eine Eibe. Fünftausend Jahre alt soll sie sein, diese Eibe auf dem Friedhof von St. Cynog in Wales. So phänomenal sind ihre Abwehrkräfte! Gleichwohl ist das wahre Alter von wilden Eiben ein Rätsel, denn das Stamminnere wird hohl und die Jahresringe verschwinden.[56]

Die Eibe auf dem walisischen Friedhof mag überlebt haben, generell hat der Eibenbestand aber sehr gelitten – insbesondere im finsteren Mittelalter. Denn die Menschen schnitzten Schießbögen und Armbrüste aus dem Holz, und da es viele Kriege gab und die Eibe nur langsam wächst, schwand die Population. Heute sind wilde Exemplare fast nur noch in Bergwäldern zu finden. Zahlreicher sind dagegen gezüchtete Eiben, vor allem auf Friedhöfen und in Parks. Auch als Gartenhecken trifft man sie an.

Der wachsweiche Saft, der bei Druck aus den roten Beeren (botanisch korrekt: Arilli oder Samenmänteln) der Eibe trieft, ist entgegen dem verbreiteten Kinderglauben nicht giftig, sondern genießbar und sogar zuckersüß. Der Samen, den das süße Rot umhüllt, hat es dagegen in sich. Und die Nadeln sogar noch etwas mehr. Selbst das trockene Geäst ist giftig. Vorsicht beim Heckenschnitt!

Die Eibe kann bis zu fünfzehn Meter hoch werden, als Hecke beschnitten ist sie also sowieso in ein allzu enges Korsett gezwängt. Sie blüht bereits im März und April, ab August ziert sie dann die Gräber mit ihren roten Farbtupfern. Die sind selbst auf dem Friedhof köstlich. Jedes Lutschen bringt Nervenkitzel. Doch wer beißt, kann auch verlieren. Vielleicht sogar das Leben.

Andere Namen

Europäische Eibe, Taxus baccata.

Enthaltene Gifte

Taxusalkaloide (Taxin-B, Taxin-A), Taxol-A, Biflavonoide, ätherische Öle.

Giftwirkung beim Menschen

Taxol-A kann einen tumorhemmenden Effekt haben, ist also ein Krebsgift. Biflavonoide hingegen wirken störend auf das Zentrale Nervensystem. Der Genuss von Samen und Nadeln führt zu Herzrhythmusstörungen, Schwindel, Schwäche, Bewusstlosigkeit. Dazu kommen Pupillenerweiterung, Erbrechen, Magenkrämpfe, Darmstörungen und starker Durchfall. Erste Symptome zeigen sich eine halbe Stunde nach dem Konsum, der Tod tritt womöglich nach maximal zwei weiteren Stunden ein.

Verwendung

In der wechselhaften Geschichte der sogenannten Volksmedizin kam es auch beim Eibengift zu vielen fatalen Überdosierungen, traditionell wurde es als Abtreibungsmittel verwendet. Heute haben Ärzte keinen Bedarf mehr daran.

Das Motiv unheilbringender Gaben, die dem Beschenkten zum Gift werden, sagt Mauss, sei unter anderem in der germanischen Folklore grundlegend. Das Rheingold etwa wird dem, der es erlangt, zum Verhängnis:

> *Gaben gabst du, doch gabst du als Freund nicht / gabst aus holdem Herzen nicht; / ledig wärt ihr des Lebens jetzt / hätt ich früher gekannt die Gefahr.*[57]

Und aus dem indischen Epos *Mahabharata* zitiert Mauss: »O König, von Königen zu nehmen ist am Anfang Honig, doch am Ende Gift.« Die Begriffsgeschichte des Giftes weist also eine bemerkenswert gespaltene Semantik auf – changierend zwischen Leben und Tod, Zuwendung und Heimtücke, Reichtum, Freiheitsverlust und Abhängigkeit.

Wer über Gifte forscht, wühlt in einer Schatztruhe der Vielschichtigkeit. Denn sehr unterschiedliche kulturelle Vorstellungen von dem, was giftig ist, determinieren die Gefahrenwahrnehmung. So ist es gar nicht einmal so selten, dass wir uns vor den falschen Dingen fürchten. Die amerikanische Kulturhistorikerin Lynn Wood Mollenauer verweist beispielsweise darauf, dass im antiken Rom Frauen aufgrund ihres Menstruationsblutes als giftig galten.[58] Dieser Irrglaube hielt sich in unterschiedlicher Form bis ins frühe 20. Jahrhundert. Da meinte nämlich der Wiener Arzt Béla Schick nachgewiesen zu haben, dass im Menstruationsblut ein Gift namens Menotoxin stecke, das Säuglingen Magenleiden beschere und zahlreiche andere Schadwirkungen mit sich bringe.

Im christlichen Glauben nährte sich diese Vorstellung an jahrhundertealten Deutungen der Menstruation als einer Strafe Gottes für die Untugend der Frau. Auch Hildegard von Bingen war nicht immun dagegen. Das Gift als Symbol für Untugend ist generell ein interessantes Thema. In Form eines Konzepts aus dem vedischen Hinduismus findet es sich auch in der indischen Literatur. Das tugendhafte Teilen einer Speise entscheidet hier über die Qualität derselben: Die Nahrung wird dem Menschen zum Gift, wenn er den Gästen oder Brahmanen nichts davon abgibt. Tut er dies jedoch, verwandelt sie sich in eine Götterspeise: Amrita – bei den alten Griechen bekannt als Ambrosia. Die Qualität des menschlichen Beziehungsgeschehens entscheidet folglich darüber, ob ein Nahrungsmittel giftig wirkt oder nicht. Untrennbar hängt dessen stoffliche Qualität von der Güte oder Engherzigkeit des Essenden ab. Dafür entscheidend, was als Gift bezeichnet wird, ist somit nicht die Eigenschaft einer Substanz, sondern ob sich der Mensch »ethisch falsch« verhält. Dem Gift als das symbolisch Böse steht dabei der Nektar (oder Soma) als das Gute gegenüber.

Doch kehren wir von Indien zurück ins christlich geprägte Abendland. Denn auch hier findet sich genug sittlich aufgeladene Symbolik im weiten Feld des Giftigen. Die bereits erwähnte hochheilige Äbtissin Hildegard nennt Evas Ursünde als Grund dafür, dass es überhaupt Gift auf Erden gibt. Aber da es nun schon mal in der Welt war, machte Hildegard es sich im 12. Jahrhundert zur Aufgabe, eine Liste von »Küchengiften« zu erstellen. Jedenfalls wird ihr dieser Begriff in zahlreichen der gelegentlich toxisch-esoterischen Schriften, die auf sie Bezug nehmen, zugeschrieben. In ihren editierten Werken und wissenschaftlichen Biografien fehlt der Begriff zwar, doch findet sich darin zweifelsohne eine rege Auseinandersetzung mit – vermeintlich – giftigen Speisen: zum Beispiel Schweinefleisch, Chicorée, Erdbeeren und Lauch. Der Saft des Lauches sei »schaumig und deshalb zur Ernährung ungesund«, heißt es in den Kommentaren einer editierten Ausgabe ihres Hauptwerks *Physica*. Schaumig ist allerdings auch Spaghettiwasser.

Aus biblischer Sicht ist der größte Feind und Verführer freilich weder Lauch noch Schwein, sondern der Teufel. Er verführt zur Sünde.

Brechnussbaum

Der Brechnussbaum, Namensgeber der Brechnussgewächse, ist in Indien und einigen Nachbarländern heimisch. Seine orangefarbenen, tennisballgroßen Früchte mögen aus der Ferne an Zitrusfrüchte erinnern – doch diese Assoziation kann fatale Konsequenzen haben. Das Fleisch der Brechnuss ist zwar essbar, man geht dabei aber ein hohes Risiko ein, da die Samen hochgiftig sind. Sie enthalten Strychnin.

Andere Namen

Gewöhnliche Brechnuss, Krähenaugenbaum, Strychninbaum, Strychnos nux-vomica.

Enthaltene Gifte

Strychnin, ein sogenanntes Monoterpen-Indolalkaloid.

Giftwirkung beim Menschen

Nach Aufnahme über die Schleimhäute führt Strychnin zu tödlichen Kontraktionen der Muskeln, vor allem der nervenführenden Rückenmuskeln. Bei strenger Dosierung bewirkt es auch eine Kontraktion der Gesichtsmuskulatur, was zu einem krampfartigen, vom Absender sicher nicht so gemeinten »Lachen« führt. Das Vergiftungsopfer hat nichts zu Lachen und stirbt erschöpft.

Verwendung

Nicht nur in Indien wurde und wird Strychnin – wenn auch selten – zur Bekämpfung von Ratten, Mäusen und Wölfen eingesetzt. Auch eine dosierte Verwendung als Appetit- und Kreislaufanreger ist bekannt.

Als Missachtung von Gottes Wort kommt sie mit Evas Apfelneugierde in die Welt. Erst in der paulinischen Theologie findet diesbezüglich eine entscheidende Wende des Sündenbegriffes statt: vom falschen Tun zum falschen Glauben. Jetzt erst gibt es das Gift des Unglaubens.

Dabei kommt in der biblischen Legende von der Ursünde weder Unglaube, noch Gift, noch Apfel vor – späterer Symbolisierung der teuflischen Verführung durch den vergifteten Apfel zum Trotz. Die Schlange verspricht: »Ihr werdet wie Gott.«[59] Und die Warnung davor lautet: »Davon dürft ihr nicht essen und daran dürft ihr nicht rühren, sonst werdet ihr sterben.« Doch als Eva von den Früchten nascht, erleidet sie keine Vergiftung, ja nicht mal Bauchschmerz. Vielmehr straft Gott Eva, indem er sie der Herrschaft des Mannes unterordnet und sie zu den Schmerzen der Geburt verdammt und alle Menschen zur Sterblichkeit. Die Frucht selbst ist ungiftig.

Toxisch wird die Frucht erst im Verlauf der Deutungsgeschichte, und auch zum Apfel wird sie erst in der mittelalterlichen Ikonografie. Denn das lateinische *malum* (für die Frucht) kann man sowohl mit »Apfel« als auch mit »böse« übersetzen. Durch diese Spezifikation verdeutlichten die Kirchenväter die besondere Bösartigkeit des Speiseaktes. Erst dadurch ist die biblische Frucht zum strengstens verbotenen Apfel geworden, giftig ist dieser aber noch immer nicht. Das wird er erst viele hundert Jahre später, in neuzeitlichen Texten. Mit am bekanntesten ist wohl seine Rolle im Grimm'schen Märchen von Schneewittchen.

Jedoch weist auch die Apfel-Symbolik ziemliche Mehrdeutigkeiten auf: Er kann für Liebe, Jugend und Fruchtbarkeit stehen – etwa in altjüdischen oder griechischen Quellen – oder, vor allem in Märchen, Verjüngung oder gar Unsterblichkeit bewirken. Doch wie »in den Mythologien vieler Völker engste Zusammenhänge zwischen Liebe und Tod, Fruchtbarkeit, Vergehen und Auferstehen bestehen«, erklärt die *Enzyklopädie des Märchens*, »so ist auch der A. neben den

Äpfelchen des Todes

Doch es gibt ihn wirklich, den giftigen Apfel. Nur nicht im Paradies, sondern in Mittelamerika. Und der Manchinelbaum, an dem er hängt, ist mit den Apfelbäumen nicht einmal entfernt verwandt. Er gehört zur Familie der Wolfsmilchgewächse und wächst in Strandnähe, an Küsten von Mexiko bis Florida. Sein spanischer Name Manzanilla de la muerte (»Äpfelchen des Todes«) kommt daher, dass er einer der giftigsten Bäume der Welt ist.

Aus der maritimen Geschichte ist das Schicksal von Seefahrern überliefert, die unter dem Baum nur ein wenig ruhen wollten, jedoch nicht dazu kamen, da reizender Milchsaft auf sie herabtröpfelte. Das geschieht insbesondere bei Regen. Traf der Saft genau ins Auge, erblindete dieses, zumindest vorübergehend. Den europäischen Eroberern Amerikas erging es nicht besser, denn die indigenen Verteidiger des Kontinents präparierten ihre Pfeile mit dem Gift des Todesapfels. Auch sollen sie Gefangene an Manchinelbäume gefesselt haben, wo sie im Wolfsmilchregen langsam und qualvoll starben.

Die nur etwa vier Zentimeter großen Äpfelchen bilden rote Backen aus, ganz so wie echte Schneewittchenfrüchte. Sie duften köstlich und schmecken beim ersten Bissen auch noch süß, dann aber werden sie ehrlich und schärfen schnell nach. Daher sind viele der Bäume mit einem Schild versehen, das ein rotes X trägt: Abstand halten!

Dabei tut der Baum auch viel Gutes. Seine Widerlichkeit macht ihn nämlich resistent gegenüber Fressfeinden, und da er selbst äußerste Trockenheit übersteht und sich auf sandigen Böden in Ufernähe wohlfühlt, schützen seine Wurzeln die Küsten vor Erosion durch Wind, Regen und Fluten. Seine Samen, denen Salzwasser nichts anhaben kann, werden vom Meer fortgetragen und brechen so zu neuen Ufern auf, wo sie nicht nur die eigene Art erhalten, sondern auch dort dem Küstenschutz dienen. Und als wäre das noch kein ausreichender Beitrag für die Ökosysteme dieser Welt, sind seine Blätter zudem eine gern gesehene und schadlose Nahrung für Riesenschildkröten.

Andere Namen

Strandapfel, Manchinelbaum, Manzanillobaum, Hippomane mancinella.

Enthaltene Gifte

Diterpenester.

Giftwirkung beim Menschen

Hautrötungen und -verbrennungen, Durchfall, Erbrechen, Blasenbildung im Mund, Augenschmerz bis zur vorübergehenden Erblindung.

Verwendung

Fütterung von Riesenschildkröten.

genannten lebensfreundlichen mit makabren Vorstellungen beladen. Schon der Genuß des altbibl. A.s vom Baum der Erkenntnis bewirkt den Tod des Menschen.«[60] Bemerkenswerterweise irrt hier die *Enzyklopädie*, denn wie wir gerade gesehen haben, ist die biblische Frucht ja gar kein Apfel.

Unabhängig von Äpfeln und anderen Früchten gibt es in der Bibel vier explizite Fundstellen für Gift, allesamt im Alten Testament. Im Buch Hiob wird das Gift sogar als etwas verstanden, was von Gott kommt, als Strafe vielleicht, als Last und Prüfung: »Die Pfeile des Allmächtigen stecken in mir, / mein Geist hat ihr Gift getrunken, / Gottes Schrecken stellen sich gegen mich.« Und auch im 5. Buch Mose erscheint Gott selbst als zorniger Vergifter der sündigen Menschen: »Immer neue Not bürde ich ihnen auf, / ich setze gegen sie alle meine Pfeile ein. / Sie werden ausgemergelt durch den Hunger, / verzehrt durch die Pest und die verheerende Seuche. / Den Zahn der Raubtiere lasse ich auf sie los, / dazu das Gift der im Staube Kriechenden.« Wobei »Gift« und »Bitterkeit« im Hebräischen eng verwandt sind. Der Ausdruck »Gift der im Staube Kriechenden« könnte folglich auch deren Verbitterung meinen. Die von Gott gegebene Welt ist also, durch den menschlichen Ungehorsam, durchgiftet, verbittert:

Ganz entsetzlich ungesund
Ist die Erde, und zugrund,
Ja, zugrund muß alles gehn,
Was hienieden groß und schön.

Sind es alten Wahns Phantasmen,
Die dem Boden als Miasmen
Stumm entsteigen und die Lüfte
Schwängern mit dem argen Gifte?

[…]

Was noch gestern stolz gelodert,
Das ist heute schon vermodert;
Seine Leier mit Verdruß
Bricht entzwei der Genius.

O wie klug sind doch die Sterne!
Halten sich in sichrer Ferne
Von dem bösen Erdenrund,
Das so tödlich ungesund.

Heinrich Heine[61]

Riesenfenchel

Reisen wir für einen Moment nach Israel, denn dort ist dieses besonders prächtige, gelb blühende Doldengewächs heimisch. Um genau zu sein, nicht nur dort, sondern großflächig im gesamten Mittelmeerraum bis zu den Kanarischen Inseln. Was es jenseits seiner Riesenhaftigkeit interessant macht, ist die Jahrhunderte andauernde, bis in die Gegenwart nicht abgeschlossene Diskussion darüber, ob es sich dabei um einen Verwandten jener Pflanze handelt, die im Alten Griechenland mit dem rätselhaften Begriff »Silphion« bezeichnet wurde.[62]

Die mysteriöse Unbekannte wuchs in der Region Kyrenaika im heutigen Libyen. Alte Silbermünzen aus der Hafenstadt Kyrene zeigen die Wunderpflanze, deren Saft sehr teuer war, da er als Arznei äußerst gefragt war. Er wurde angeblich als Magenheilmittel und als Gegengift, zur Warzenbekämpfung und zur Menstruationsförderung, als Kontrazeptiva, Aphrodisiakum und Parfum eingesetzt –ein wahres Allheilmittel also. Da verwundert es nicht, dass Silphion bereits um das Jahr 50 n. Chr. ausgestorben sein soll.

Doch gehen wir einmal davon aus, dass uns mit dem Riesenfenchel zumindest ein naher Verwandter bekannt ist: Was wissen wir über ihn? Drei Meter kann er hoch werden, und mit dem Mark aus dem Inneren seiner Stängel entzündeten Menschen in früheren Zeiten Feuer, denn es brennt wie Zunder. Die Römer nutzten ihn in getränkter Form als schmerzhafte Peitsche zur Züchtigung ihrer Sklaven. Auch zur Herstellung kleiner Möbelstücke wurde er verwendet. Bei pflanzenfressenden Tieren, vor allem Schafen, können seine Gifte zu Fehlbildungen der Embryonen führen.[63]

Andere Namen

Gemeines Steckenkraut, Gemeines Rutenkraut, Ferula communis.

Enthaltene Gifte

Cumarin. Warfarin, ein Blutgerinnungsmittel.

Giftwirkung beim Menschen

Zellschädigende, aber auch antibakterielle Wirkung.[64]

Verwendung

Die verletzten Wurzeln sondern ein Gummiharz ab, das im nordafrikanischen Raum noch heute als sogenanntes Ammoniakgummi in Form einer Kaumedizin gegen Bronchial- und Atembeschwerden genutzt wird. In Saudi-Arabien werden seine Elixiere zur Bekämpfung von Hautkrankheiten verwendet, ebenso bei heftigen Darminfektionen.

Die religiöse Bedeutungsgeschichte des Giftes greift auch Welten auf. Sein Büchlein *Unsere Giftpflanzen* beginnt nämlich mit einer Szene des Jüngsten Gerichts, märchenhaft abgewandelt zum Prozess der Giftpflanzen, die von den Menschen angeklagt werden. Aber der richtende Gott hat sie bei Welten heimlich gern:

> *Da trat hervor die Tollkirsche, und ihre schwarzen Beeren glänzten vor Erregung. »Unbegründet, o Herr, sind die Anklagen des Menschen. Hunderte von Menschen und Tieren werden alljährlich durch unsere Gifte dahingerafft. Aber warum spricht der Mensch nur von diesen? Warum erwähnt er nicht die Tausende, die Hunderttausende, die dank unserer Gifte dem Leben erhalten bleiben? Denn unsere Gifte sind ein Heilmittel für den, der sie zu nutzen versteht. […] Was würden die Ärzte des Menschen tun, gäbe es keinen Fingerhut und kein Bilsenkraut, keine Tollkirsche und keinen Eisenhut mehr? […] Wenn nun auch in zahlreichen Pflanzen tödlich wirkende Stoffe enthalten sind, so wollen wir doch wegen des Vorhandenseins dieser Gewächse nicht gegen den Schöpfer derselben murren. […] Vielmehr hat er die wunderbaren Säfte in jene Pflanzen gelegt, dass dieselben von denkenden Menschen als Heilmittel gegen verschiedene Leiden und krankhafte Zustände erkannt und angewendet werden sollen.«*[65]

Letztlich spricht Gott sie frei, und die Menschen schämen sich für ihre Vorurteile. Die hatten nämlich so geklungen:

> *„Was ist die Klaue des Löwen, was der Zahn des Tigers oder das Horn des Büffels gegen die Wurzeln des Bilsenkrautes, den Samen des Stechapfels, gegen die Blätter des roten Fingerhutes? Rotte sie aus, Herr, die heimtückische Brut, die nicht im offenen Kampfe mit ehrlichem Schwert ihren Mann steht, sondern hinterhältig mit unehrlichen Gewaffen dem Gegner in den Rücken fällt. Rotte sie*

aus, Herr, die feigen Gesellen, die so unschuldig und sanftmütig dreinschauen und doch mit schleichenden tödlichen Giften so unsagbares Elend bereiten. Rotte sie aus, o Herr!«

Eine wirklich böse Rede. Die man wiederum durch pflanzliche Gifte zum Schweigen bringen könnte – zum Beispiel mit dem der Dieffenbachie. Sie ist noch dazu eine beliebte Zimmerpflanze. In wilder Form ist sie in der Karibik und im tropischen Südamerika zu Hause, domestiziert stellt sie auch eine reale Gefahr für Katzen dar. Im Übrigen genauso wie Philodendren, Azaleen oder Alpenveilchen.

Während »Gift« ein eigentlich vorwissenschaftlicher Ausdruck ist, gibt es mit der Toxikologie, der Lehre vom Gift, ab den 1880er Jahren eine eigenständige Wissenschaftsdisziplin zu diesem Thema. Denn jetzt verfügte man über pharmakologische analytische Methoden, die es ermöglichten, Arzneimittelwirkungen wissenschaftlich zu quantifizieren und zu begründen. Dies erklärt auch, dass zur selben Zeit so mancher Volksglaube an die Heilkraft bestimmter Kräuter schwindet und der Schrecken der Giftpflanzen im Lebensalltag der Menschen an Gewicht verliert.

Die Arzneimitteltoxikologie, eine Teildisziplin der Pharmakologie, befasst sich mit Fragestellungen der Abwägung von Giftigkeit und Nutzen einer Substanz für den Körper. Institutionell hat sie ihre Anfänge im Jahr 1906, als in Amerika zur Prüfung und Zulassung von Arzneimitteln zunächst eine Vorläuferorganisation und dann 1930 die bis heute bestehende Food and Drug Administration gegründet wird. In Deutschland war die Gründung des Bundesgesundheitsamtes 1952 ein Meilenstein. Daraufhin erfolgte die Untersuchung von Wirkungen und Nebenwirkungen auch bei pflanzlichen Toxika zunehmend mit Hilfe von Tierexperimenten. Ab den 1960er Jahren wird so vielfach die Dosis-Wirkungs-Relation erforscht. Ziel dabei ist die Ermittlung der letalen Dosis, also der Dosis, die tötet.

Dieffenbachie

Ein starkes Gift steht in vielen Wohnzimmern! Die Gefahr ist aber gering, denn die Dieffenbachie ist eine Zierpflanze, und die Idee hineinzubeißen liegt so fern wie der Biss in die Raufasertapete oder den Eichensekretär.

Könnte man meinen. Tatsächlich aber dokumentieren allein die Vereinigten Staaten jedes Jahr Tausende, in aller Regel jedoch mild verlaufende Vergiftungsfälle. Es sind vor allem arglose Kinder, die wie die Kätzlein zum Schnabulieren neigen.

Ihren schönen Namen hat die Dieffenbachie von Herrn Josef Dieffenbach, der im 19. Jahrhundert Obergärtner der Kaiserlichen Gärten zu Wien war. Er hat sie zwar nicht entdeckt, muss aber wohl sehr gute Arbeit geleistet haben.

Und so funktioniert das Verteidigungswerk der Dieffenbachie: Winzige spitze Nädelchen, sogenannte Raphiden, verletzen schon beim ersten Biss die Mundhöhlenwände, sodass Menschen die Giftblätter in der Regel schnell ausspucken. Ihre Giftigkeit ist schon lange bekannt. In Westindien setzten britische Kolonialisten die Pflanze ein, um nicht gefügige Sklaven zu quälen. Diese mussten davon essen, was zu Mundschwellungen und starkem Speichelfluss führte. Dadurch verloren sie für Tage die Sprechfähigkeit. Daher kommt der deutsche Name Schweigrohr. Auch Vergiftungen mit dem Stamm der Dieffenbachie sind bekannt. In einigen Haushalten wurden Scheiben davon in Wasser gelegt, um Ableger zu züchten. Diese Stammscheibchen verwechselten die Menschen dann aber angeblich des Öfteren mit Gurkenscheiben und aßen sie.

Andere Namen

Giftaron, Schweigrohr, Dieffenbachia seguine.

Enthaltene Gifte

Oxalsäure (Calziumoxalat), Proteasen.

Giftwirkung beim Menschen

Rachen- und Mundentzündungen, Schwellungen und gelegentlich Verlust der Sprechfähigkeit. Erbrechen, Hautreizungen, Hornhautverletzungen, bei Berührung Augenschmerzen.

Verwendung

Als Arzneipflanze ist die Dieffenbachie von keiner großen Bedeutung. Es gibt jedoch ähnlich giftige Artverwandte, die – auf fachkundige Art gekocht, gebacken und vergoren – als spinatartiges Gemüse oder Wurzel-Speisefrucht dienen.

Letale Dosis ausgewählter Giftpflanzen

Pflanze	Menge
Blauer Eisenhut	3–6 mg des Wirkstoffes oder 2–4 g der Wurzel
	Gegenmittel: Aktivkohle, Magenspülung
Tollkirsche	1 mg pro kg Körpergewicht
	Kinder: 2–5 Beeren
	Erwachsener: 10–20 Beeren
	Gegenmittel: Aktivkohle, Magenspülung
Bilsenkraut	Für Kinder 15 Samen
Jakobskreuzkraut	Ein Pferd oder Rind muss mindestens 5 Prozent seines Körpergewichts davon fressen
Eibe	50 bis 100 g Nadeln

Aber auch andere toxische Schädigungen und deren Reversibilität werden untersucht, etwa Änderungen im Blutbild oder im Gewebe, biochemische Folgewirkungen, fetale Missbildungen und Krebsrisiken. Dabei lässt sich der Begriff »Gift«, wie bereits angedeutet, selbst aus naturwissenschaftlicher Perspektive nicht eindeutig bestimmten Stoffen zuordnen. Vielmehr ist er als relationaler Begriff zu verwenden: Die Menge, die Dauer der Einnahme und auch die Beschaffenheit des Körpers, dem die toxische Substanz zugeführt wird, entscheiden darüber, ob und in welchem Sinne von einem Toxikum gesprochen werden sollte.[66] So waren die vielen Menschen, die sich in der Vergangenheit tragischerweise mit Kräuterextrakten zu Tode kuriert haben, selten gesund, sondern griffen in konkreter Not zu diesem letzten Mittel. Sind sie nun wirklich *daran* gestorben?

Bis in die Gegenwart sind alle Versuche gescheitert, Gift als Eigenschaft einer Stoffklasse – oder Pflanze – zu definieren. »Gift« ist kein medizinischer Fachbegriff. Noch im Jahr 1835 konnte man in einer frühen Brockhaus-Enzyklopädie lesen, Gift sei »jede Substanz, welche, mit dem lebenden menschlichen oder thierischen Körper innerlich oder äußerlich in Berührung gebracht, die Gesundheit stört oder auch das Leben völlig vernichtet, ohne daß jedoch eine mechanische Einwirkung wahrnehmbar ist«. Dabei sei zu bedenken, so der Brockhaus weiter, dass die Toxizität relativ ist: »Was dem erwachsenen Menschen Gewürz ist, kann dem Kinde zum Gifte werden.« Heute spricht man dagegen lieber allgemeiner von »Toxika«. Diese wiederum unterteilt die moderne medizinische und pharmazeutische Überblicksliteratur in Narkotika, Arzneimittel, Strahlungen, krebserzeugende Stoffe, die Toxikologie der Arbeitsplatzbelastungen und Genussgifte.

Interessant ist, dass es nicht nur eine »Giftigkeit« gibt, die sich in tödlichen und akuten Körperreaktionen zeigt, sondern viele Dimensionen. Im amtlichen Zulassungsprozess der Staaten und Staatenverbünde für neue, auch pflanzenbasierte, Medikamente empfiehlt die Weltgesundheitsorganisation WHO unter anderem, Sicherheitseinschätzungen hinsichtlich der Wirkung der Chemikalien auf den biologischen Organismus bezüglich folgender Eigenschaften vorzunehmen: akute Toxizität, das heißt, die sofortige Schadwirkung auf den Körper; kumulative Toxizität, also längerfristige Giftschadwirkung; die Möglichkeit der Substanzaufnahme auf verschiedenen Wegen (etwa durch die Haut, den Magen, die Lunge); ferner: Möglichkeiten der Ausscheidung über die Muttermilch und Weitergabe an Säugetiere oder Babys. Die WHO empfiehlt wissenschaftliche Untersuchungen zu etwaigen Häufungen von Fehlbildungen (Teratogenese), Mutationen, Krebs, Allergieentstehungen sowie lokalen Reizungen.

Die amerikanische Society of Toxicology definiert die Toxikologie dementsprechend breit als Wissenschaft »of the adverse effects of chemical, physical, and biological agents on living organisms and the ecosystem«. Also als Wissenschaft der nicht gewünschten Wirkungen

chemischer, physikalischer und biologischer Stoffe auf Lebewesen – und Ökosysteme. Diese werden hier ausdrücklich miteinbezogen, und denkt man in diese Richtung weiter, erschließt sich erst die eminente Rolle, die Pflanzengifte in der Natur spielen: Sie tragen entscheidend dazu bei, die Vielzahl und die Balance der Arten in einem stabilen Zustand zu halten.

Anknüpfend an diese Überlegung wurde der Forschungsbereich in den 1980er Jahren durch die Ökotoxikologie erweitert, wodurch der Toxizitätsbegriff noch einmal eine enorme Ausdehnung erfuhr. Zuvor hätte ein Mediziner oder Pharmakologe, der sich mit Stoffwirkungen auf Säugetiere befasst, viele Chemikalien wie Stickstoff oder Phosphor, Kohlenstoffdioxid oder Methan kaum als toxisch definiert, hält der amerikanische Ökotoxikologe Michael C. Newman fest, dabei könnten diese »harmful consequences to the associated ecological community« haben.[67] So gesehen können gewissermaßen auch die sogenannten Treibhausgase als Gifte aufgefasst werden, da sie die Erde als Ganze bedrohen. Giftpflanzen hingegen binden Kohlenstoffdioxid und heilen so die Erdatmosphäre.

Die herkömmliche Definition des Toxikums als Schadsubstanz für einzelne Organismen wird demnach ausgeweitet auf »Populationen, Gemeinschaften und ganze Ökosysteme«. Und sogar psychische Schäden geraten nun ins Blickfeld der Toxikologie: »The mere presence of a chemical in food or in the workplace can sometimes be stressful even when no physical harm can be demonstrated.«[68] Doch folgt man diesem Gedanken in all seinen Konsequenzen, findet man irgendwann gar keine definitorischen Grenzen mehr. Denn wäre es dann nicht auch möglich, unschöne Fassaden, quälenden Autolärm oder nervende Obstfliegen im weitesten Sinne wissenschaftlich begründet als Gifte zu bezeichnen? Könnte jemand dann – um einen extremen Sprung in die Vergangenheit zu wagen – nicht sogar auf die Idee kommen, eine der Hexerei verdächtige Frau als giftig zu verleumden, wenn ihm ihre bloße Existenz Stress bereitet, da er sich vor ihrer schwarzen Magie fürchtet? Der Schritt hin zum »wissenschaftlich gerechtfertigten Giftmord« wäre da für manche sicherlich naheliegend.

2

Gifttat

Gifttat

In dem bei japanischen und amerikanischen Touristen beliebten deutschen Weinort Rüdesheim am romantischen Rhein geschah es im Winter des Jahres 2019 – *möglicherweise* –, dass ein 49 Jahre alter Mann in die Küche eines ähnlich alten Herren aus seinem Tennisverein schlich und Gift in eine Suppe gab, die dort zufällig zur selben Stunde auf dem Herd köchelte.[69]

Der Grund für diesen bösartigen Anschlag war, dass er die Ehefrau seines Klubkameraden aus dem Leben räumen wollte, da er unglücklich in ihn verliebt war. Die Suppe aber bekamen die Hunde zu fressen. Sie überlebten mit schwersten Magenleiden und nur durch das sofortige Eingreifen eines Veterinärs.

Das Gift, das an jenem Februartag in der Hunde-Suppe gefunden wurde – es war vom Blauen Eisenhut.

Nur *möglicherweise* geschah die Tat so, wie beschrieben, weil der mutmaßliche Täter nicht gerichtsfest verurteilt werden konnte. Es sei durchaus möglich, so die Begründung des Gerichts, dass das Gift auf anderem Wege in die Suppe gelangt sei.

Der Verdacht wog gleichwohl schwer, denn der Mann hatte bereits eine lange Gefängnisstrafe verbüßt – für einen Giftmord. Den Umgang mit Giften dürfte er also zweifellos beherrscht haben, auch wenn er zwei Jahrzehnte zuvor noch auf das mineralische Gift Arsen gesetzt hatte. Das Arsen hatte gewirkt, der Blaue Eisenhut dagegen versagte.

Hier zeigt sich ein Nachteil der Gifte wild wachsender Pflanzen. Man weiß nie genau, wie stark ihre Wirkung sein wird. So hatte sich schon der bereits erwähnte Tübinger Jungchemiker Friedrich L. Baer 1822 geweigert, quantitative Messungen pflanzlicher Gifte durchzuführen, indem er auf die Tatsache hinwies, dass diese je nach Jahreszeit, Wetterbedingungen, Standort, Bodenbeschaffenheit und individueller Pflanze stark variierten, weswegen es einfach keinen Sinn ergebe, Durchschnittswerte anzugeben.

Aber ich möchte auch noch einen »erfolgreichen« Kriminalfall mit Eisenhut-Beteiligung präsentieren. In Belgien wurde folgender Giftmord erst nach fünf Jahren polizeilicher und staatsanwaltschaftlicher Ermittlungen aufgeklärt: Eine Frau hatte ihrem Gatten Eisenhutsaft in den Wein gemischt. Nach seinem schnellen Tod setzte sie die Leiche in sein Auto, um einen Unfall vorzutäuschen. Die Gerichtsmedizin deckte den Fall erst so schrecklich spät auf, weil sie zunächst überhaupt nicht an Pflanzengifte gedacht hatte, und das Gift des Eisenhuts lässt sich nur aufspüren, wenn man gezielt darauf testet.[70] Da Pflanzengiftmorde in der heutigen Zeit jedoch selten geworden sind, unterlassen es die Forensiker üblicherweise, routinemäßig nach diesen Substanzen zu suchen. Die belgische Frau aber erfuhr ihr gerechtes Urteil.

Die Geschichte der Giftmorde wäre gewiss ein eigenes Buch wert, vielleicht sogar zwei, auch wenn sie leicht ein allzu schlechtes Licht auf diese so distanzbedürftigen Pflänzlein werfen würden.[71] Aber die menschlichen Kämpfe, sowohl um Liebespartner wie um Macht, wurden nun mal nicht nur mit giftigen Worten, sondern auch mit echtem Gift geführt, und dies bis in die Gegenwart. Denken Sie nur an die viel zu lange Liste der viel zu früh verstorbenen Kreml-Kritiker.

Doch seit der heute vergessene Autor Louis Lewin 1920 *Die Gifte in der Weltgeschichte* veröffentlichte, kam in deutscher Sprache keine

Blauer Eisenhut

Dem griechischen Mythos nach soll der Blaue Eisenhut erstmals an der Stelle gesprossen sein, an der dem dreiköpfigen Höllenhund Zerberus der Speichel aus dem Maul getropft war. Daraufhin muss er aber ziemlich flügge geworden sein, denn heute kommt er sowohl in Europa als auch in Amerika und Asien vor. In Deutschland trifft man ihn vorwiegend in den gebirgigen Regionen Süddeutschlands an und dort vor allem in feuchten Wäldern oder an Ufern von Gewässern. Das Hahnenfußgewächs blüht im Juli und August und ist wegen seiner Schönheit als Gartenpflanze beliebt. Wobei sicherheitshalber auf Warnhinweise auf den Samenpackungen nicht verzichtet wird.

Andere Namen

Ziegentod, Venuswagen, Mönchskappe, Aconitum napellus.

Enthaltene Gifte

Mehrere Diterpenalkaloide, darunter Aconitin, eines der stärksten Pflanzengifte.

Giftwirkung beim Menschen

Brennen erst im Mund, nach dem Schlucken im ganzen Körper. Diverse Symptome, von kaltem Schweiß bis zu Wahrnehmungsstörungen und starken Darmentleerungen. Das Aconitin wirkt auf das Zentrale Nervensystem und führt schlimmstenfalls zu tödlichen Lähmungen. Der Tod setzt nach wenigen Stunden ein.

Verwendung

In homöopathischen Extrakten, etwa gegen Entzündungen der Lunge oder der Hirnhaut. Doch Vorsicht! Auch hier kann es durch eine Überdosierung zu Vergiftungen kommen.

weitere Monografie zur Rolle von Vergiftungen im politischen und anderen Bereichen des Lebens hinzu. Aber zum Glück gibt es ja die Briten. Sie haben das Interesse am Giftmord nicht verloren, vielleicht auch aus humoristischen Gründen. So verfasste der britische Journalist Joel Levy 2011 eine populärwissenschaftliche Sozialgeschichte der Gifte, die inhaltlich die weite Brücke von den Giftmorden der griechischen Antike bis zum modernen Genozid, Spionen im Kalten Krieg und den Irakkriegen schlägt.[72] Dabei scheint es, zumindest gemessen an der Summe der Anekdoten, als wären die tierischen Gifte – etwa von Kröten, Schlangen, Fliegen – häufiger zum Einsatz gekommen als die pflanzlichen.

Was mit Gift versehene Waffen angeht, so werden diese zu Beginn des 20. Jahrhunderts zum Gegenstand der Diplomatie. Die internationale Friedenskonferenz von Den Haag im Jahr 1907 beschließt, den Gebrauch von vergifteten Waffen völkerrechtlich einzuschränken. Allerdings ist zu bedenken, dass die mit giftiger Pikrinsäure gefüllte Lydditgranate zu dieser Zeit längst erfunden war und nur wenig später im Ersten Weltkrieg durch Senfgas, Phosgen und Chlorgas unzählige Menschen ihr Leben verlieren würden. Senfgas mag im ersten Moment noch an die Senfpflanze erinnern, doch mit natürlichen Giften, wie sie etwa die Mauren für ihre Pfeile benutzten, hat es nichts zu tun. Senfgas ist vielmehr ein missratenes Kind des goldenen Jahrhunderts der Chemie.

Senfgas, Chlorgas, Phosgen – Namen, die schreckliche Bilder der Massenvernichtung heraufbeschwören. Den Schauder, der Schierling, Stechapfel und ihresgleichen über Jahrtausende anhaftete, übertreffen sie bei Weitem. Die chemischen Gifte des 20. Jahrhunderts rafften nicht mehr Einzelne dahin, sondern Millionen.

Neben diese Mittel der Hölle traten zudem vermehrt sogenannte Umweltgifte. Chemieunfälle sind insbesondere in Entwicklungsländern häufige Ursache für Krankheit und frühen Tod. Unvergessen sind auch die Verwüstungen, die das amerikanische Militär mit dem

Entlaubungsmittel »Agent Orange« in Vietnam anrichtete. Es zerstörte den Dschungel, vergiftete Trinkwasserquellen und schädigte die Gesundheit vor allem von Neugeborenen und Kindern.

Der Horror vor den Giften hat sich im 20. und 21. Jahrhundert aus der unmittelbaren Nachbarschaft verabschiedet und mit der Angst vor Atomunfällen und der Klimakatastrophe einen sehr viel größeren, ja globalen Maßstab angenommen. Im Vergleich dazu wirken Giftpflanzen geradezu niedlich, kurios die beschriebenen Geschichten vom Rüdesheimer Möchtegern-Mörder und der »Schwarzen Witwe« aus Belgien.

Aber es soll hier nun mal um Pflanzengifte gehen – und die Kriminalfälle, in die sie hineingezogen wurden. Und sie haben nach wie vor durchaus ihren Platz auf der Werkbank der Meuchelmörder. Während das Pflanzengift von der Weltbühne verschwunden ist, hat es in den privaten Küchen und Gärten der Vororte weiter seinen Auftritt. Wie bei einer Floristin von der deutschen Ostseeküste: Im Jahr 2015 rührte sie den Inhalt einer Samenkapsel des Zerberusbaums in das Chili con Carne ihres Mannes. »Die putzigen kleinen Kugeln verwenden Floristen gern als Deko für die Gestecke zum Totensonntag«, wusste über diesen Fall eine Reporterin des Magazins *Stern Crime* zu berichten.[73] Mit Gestecken kannte sich die Täterin freilich aus, und dass nicht Totensonntag war, ist eine Nebensache.

Die Floristin hatte – Sie erraten es – einen Liebhaber. Und auch wenn die Ehe erst zwei Monate alt war, war sie zur Trennung fest entschlossen. Die Scheidungskosten jedoch wollte sie unbedingt umgehen.

Das Chili war köstlich, und es zeigte Wirkung: Brechdurchfall, Herzrasen, Halluzinationen. Er konnte es sich nicht erklären und zweifelte schon an seinem Verstand, während sie sich scheinbar liebevoll um ihn kümmerte und ihm jeden Morgen Tee und Zwieback ans Bett brachte. Doch dann, nach fünf Tagen, war er wieder auf den Beinen.

Zerberusbaum

Der nach dem bereits erwähnten griechischen Höllenhund Zerberus benannte Baum wächst vielfach in Madagaskar und den Küstenregionen Indiens, aber auch in Australien und Singapur. Ohne große Bedenken wird er dort unter anderem für die Park- und Alleenbepflanzung verwendet. Vor allem aber macht er von sich als Selbstmordbaum reden: In manchen Jahren kommt es zu Hunderten Vergiftungen. Insbesondere junge Frauen sollen es sein, die sich mit seinem Gift das Leben nehmen, weil sie den Erwartungen ihrer Schwiegereltern nicht gerecht würden. Aber auch die Selbstmordrate unter indischen Kleinbauern ist hoch, weil ihnen oft die Mittel fehlen, um ihr kleines Stückchen Land zu bewirtschaften.

Der zur Familie der Hundsgiftgewächse gehörende und mit dem ähnlich aussehenden Oleander verwandte Zerberusbaum führt giftigen Milchsaft von der Wurzel bis zu den Blattspitzen. Die Früchte sind zehn Zentimeter groß, purpurfarben und erinnern von der Form her an Mangos. Vertrauter als diese Früchte sind uns Mitteleuropäern die getrockneten Samen, denn Floristen verwenden sie gern für Gestecke.

Andere Namen

Selbstmordbaum, Milchbaum, Pong-Pong-Baum, Cerbera odollam.

Enthaltene Gifte

Cardenolide, vor allem Cerberin.

Giftwirkung beim Menschen

Übelkeit, Brechreiz, Herzrhythmusstörungen, Herzstillstand. Je nach Dosis tritt der Tod nach etwa sechs Stunden ein, der Überlebenskampf kann sich aber auch bis zu zwei Tage hinziehen.

Verwendung

Als Duftstoff, neuerdings auch als Biokraftstoff.[74]

Gemeiner Stechapfel

Er fühlt sich tatsächlich wohl auf Müllhalden und auf Schutt – es bleibt sein Geheimnis, warum. Aber auch an Mauern und Zäunen wächst er gern und gut. Wie die Alraune und die Tollkirsche trägt dieses Nachtschattengewächs Tropanalkaloide in sich, doch der Stechapfel ist sehr viel weiter verbreitet. Es gibt keinen Kontinent, auf dem er nicht zu finden ist.

Zackige Blätter und weiße, trichterförmige Blüten hat diese zum Glück nur einjährige Pflanze, die als Unkraut wie als Gartenziergewächs in Erscheinung tritt. Seinen Namen trägt der Stechapfel aufgrund seiner kastanienartigen stacheligen Fruchtkapseln, in deren sechs Kammern zahlreiche schwarze Samen reifen. Seine botanische Bezeichnung Stramonium kommt vom griechischen Fluss Strymon, an dessen Ufern die antiken Arzneiforscher Theophrastos und Dioskurides, die sich sehr für das Giftgewächs interessierten, Stechapfelvorkommen verorteten.

Unser guter alter Doktor Welten weiß von weiteren, in anderer Literatur allerdings kaum belegten, Anekdoten zu berichten: Indigene Südamerikaner sollen das Gift des Stechapfels für ihre Pfeile verwendet, russische Trinker es als Rauschmittel zum Bier hinzugegeben und, wenn man so will, mittelalterliche Hedonisten es als Lustsaft vor dem Liebesspiel zu sich genommen haben. Auch sollen sich Ehefrauen mit Stechapfelpulver gewisse Freiräume verschafft haben, meint Welten, ohne allerdings Zeit und Ort zu nennen: »leichtsinnige Frauen, die der Hut des gestrengen Gatten einige Stunden lang entraten wollten, trachteten danach, ihn mit Stechapfelsamen einzuschläfern. Meist freilich erwachten die Opfer aus diesem Schlafe nicht wieder, der weniger ein Schlaf als ein schmerzlicher Krampf war, und die leichtsinnige Donna büßte das Schäferstündchen mitsamt dem Galan auf dem Rade.«[75]

Andere Namen

Teufelsapfel, Stachelnuss, Igelkolben, Datura stramonium.

Enthaltene Gifte

Alkaloide wie Hyoscyamin und Gerbstoffe.

Giftwirkung beim Menschen

Sehr ähnlich der Tollkirsche. Schon die Ausdünstungen des zerriebenen Stechapfels rufen Kopfschmerz hervor. Isst man versehentlich von ihm, rät das Bundesamt für Risikobewertung zum sofortigen Ausspucken. Bei größeren Mengen gilt unbedingt: Ab zum Arzt!

Verwendung

Die Blätter und Samen werden zur Herstellung von Asthmamitteln verwendet, seit mehr als einhundert Jahren sind die getrockneten Blätter zudem Bestandteil sogenannter Asthmazigaretten. Ansonsten werden die Blätter zu ähnlichen Zwecken genutzt wie die Samen der Tollkirsche, wobei die krampflösende Wirkung der Alkaloide im Zentrum des Interesses steht. So wurden etwa früher getrocknete Blätter in geringer Dosis Epileptikern und »Geisteskranken« verabreicht.

Das hatte die Floristin nicht erwartet.

In dem Mann war der Detektiv geweckt worden, denn die Sache ließ ihm keine Ruhe. So entdeckte er, dass seine Gattin im Internet nach Pflanzengiftwirkungen gesucht hatte. Und da erinnerte er sich an ein Detail aus einem früheren Gespräch: Hatte sie ihm damals nicht vom Zerberusbaum erzählt? Und davon, dass Frauen in Asien mit dessen Kapseln gelegentlich unliebsame Ehegatten aus dem Weg räumten?

In Madagaskar soll der Zerberusbaum in vergangenen Jahrhunderten für etwa dreitausend Todesfälle im Jahr verantwortlich gewesen sein. Und in der indischen Provinz Kerala steht er statistisch für jede zweite Pflanzen- und jede zehnte Vergiftung überhaupt. Das zeigt, dass Pflanzengifte global gesehen keinesfalls aus der Zeit gefallen sind. Sie sind das Mordinstrument der Mittellosen. In Indien wird der Zerberus sogar »Selbstmordbaum« genannt. Doch trotz der Vielzahl an Todesfällen, die auf ihn zurückzuführen sind, werde er »von westlichen Physikern, Chemikern, Laboranalysten, Herzspezialisten und Forensikern ignoriert«, warnten Wissenschaftler im Jahr 2005.[76]

Der Mordversuch von der Ostsee hat ihre Warnung vollumfänglich bestätigt: Fast zwei Jahre dauerte es – trotz des Verdachts des Ehemannes –, bis die Giftspuren im Urin des Opfers nachgewiesen werden konnten. Erst ein Spezialist aus Frankreich war in der Lage, diese Untersuchung durchzuführen. Das belegt eindrucksvoll die Pflanzengiftvergessenheit der modernen Forensik.

Auch diese Kriminalgeschichte von der Ostsee legt nahe, die Giftpflanzen als etwas sehr Schreckliches, ja als eine Ungeheuerlichkeit der Natur anzusehen. Dabei sind es immer die Menschen, die den Schrecken verbreiten, nicht die armen, zu selbstgerechten Zwecken missbrauchten Pflanzen.

Ähnlich verhält es sich auf dem weiten Feld der Hybris medizinischer Laien. Mal erinnern sie Großmutters Heilkuren nur bedingt, mal empfehlen sie sie beim falschen Anlass, mal erliegen sie einer Art »Schamanenwahn« und glauben sich intuitiv tief verbunden mit der Natur. Wie wir gesehen haben, hat die Vergangenheit hier zahlreiche Beispiele törichter und tödlicher Gifttherapien auf Lager. Noch schlimmer wird die Sache, wenn diese Schnapsideen von einer Autorität stammen, und das auch noch im 21. Jahrhundert, in dem es doch eigentlich nirgendwo auf der Welt mehr an verlässlichen Informationen mangeln sollte.

Im konkreten Fall geht es um die Republik Kirgistan. Die französische Zeitung *Courrier international* berichtete, der dortige Präsident Sadyr Dschaparow habe sich mit einem Facebook-Video an das Volk gewandt und sich ostentativ erfreut gezeigt, dass ausgerechnet kirgisische Ärzte ein Gegenmittel gegen Covid-19 gefunden hätten – den Saft des Blauen Eisenhuts. Welch plötzlicher Ruhm für das kirgisische Volk! Um der Empfehlung des Staatsoberhauptes Nachdruck zu verleihen, trank der sogenannte Gesundheitsminister Alimkadir Beischenalijew am Folgetag öffentlich den gepriesenen Eisenhutsaft, wohlmeinend verbunden mit dem Hinweis, man solle das Elixier heiß zu sich nehmen, da es sonst tödlich sei. Was für ein Schuss in den Ofen, denn danach wurden – wen wundert's – in der Hauptstadt Bischkek mehrere regierungstreue Personen, die diesem verhängnisvollen Rat folgten, mit Vergiftungserscheinungen ins Krankenhaus eingeliefert. Erst nachdem der vermeintliche Ruhm der kirgisischen Medizin auf diese Weise schnell seinen Glanz verloren hatte, revidierte der Präsident seine Empfehlung.[77]

Eine allzu exotische Geschichte? Mitnichten. Im Oval Office gab es zu Zeiten der spät-abendländischen Sonnenherrschaft Donald Trumps ähnliche Überlegungen. Aufgrund einer – Expertinnen und Experten zufolge methodisch herausragend schwachen – Studie über die Wirksamkeit eines Pflanzenextrakts gegen Covid-19 interessierte sich der damalige Präsident der Vereinigten Staaten sehr für dieses Heilmittel. Oleandrin hieß der Hoffnungsträger, ein Mittel auf Basis von Oleanderextrakt. Dabei kommt es in den subtropischen und tropischen Heimatländern des Oleanders nach der Einnahme immer wieder zu schweren Vergiftungen.

Ähnliches geschah auch in Indien. Dort vergifteten sich zwölf Personen, die selbstextrahierten Saft des Stechapfels zur Covid-19-Prävention zu sich genommen hatten. Diesen Tipp hatten sie einem TikTok-Video entnommen. Die bescheidene Schwarmintelligenz der Neuen Medien und die schattige Bauernschläue der Sonnenkönige stehen sich also in nichts nach. Der Hintergrund der TikTok-Empfehlung klingt kurios, basiert aber auf einer seit der Antike bekannten Idee: der sogenannten Signaturenlehre. Demnach könnten Heilmittel über Ähnlichkeiten zwischen dem Krankheitserreger oder dem befallenen Organ und der Arznei zu finden sein. Und in diesem Fall sei es eben die Form der Stechapfelfrucht, die dem Covid-19-Virus ähnle, so der von der eigenen Findigkeit berauschte TikTok-Multiplikator.[78]

Die Vorstellung, auf der die Signaturenlehre basiert, ist, vereinfacht gesagt, dass Gott die Natur so geschaffen habe, dass wir sie lesen könnten wie ein Buch. Deshalb griffen auch mittelalterliche Mystikerinnen wie Hildegard von Bingen dieses spirituelle Natur-Lesen so gern und hingebungsvoll auf – mit Nebenwirkungen weit über ihren Tod hinaus.

Der Stechapfel wiederum kam keineswegs nur in der Covid-19-Therapie zum Einsatz. Auch die Trivialgeschichte der Morde ist reich an Kapiteln, die von ihm handeln. So etwa im Falle jener vierundvierzig Jahre alten Mannheimerin, die ihrer sechsundachtzigjährigen Mutter einen Schokoladen-Muffin servierte, den sie unter Beigabe einiger Stechapfelsamen zubereitet hatte. Die alte Dame überlebte, trotz schwerer Symptome, weil sie nur ein Drittel davon hinunterbekam, die Bitterkeit des Muffins war einfach zu viel für sie.

Das Gericht verurteilte die Täterin zu neun Jahren Haft. Die Mutter soll sie nach dem Urteilsspruch in den Arm genommen und das

Gericht um Gnade für die Tochter angefleht haben. Denn so erschreckend die Tat, das Motiv an sich war kein unmenschliches, wenn auch psychiatrisch auffällig: Die Frau wollte ihre Mutter schwächen, damit sie ihre Hilfe noch dringender benötigte als ohnehin.

Ein ähnliches Motiv hatte die Mannheimerin schon einmal dazu bewogen, das Gesetz zu brechen. Damals arbeitete sie als Chefsekretärin eines Arztes und zweigte über Jahre hinweg insgesamt mehrere Hunderttausend Euro an Gebührengeldern von Privatpatienten vom Konto ihres Arbeitgebers ab. Das Geld ging an ihre Mutter, damit sie das schöne große Haus abbezahlen konnte, in dem die ganze schrecklich nette Familie – sie, ihre Mutter, ihr Bruder und ihr Ehemann – glücklich zusammen lebte.[79]

In großen Teilen der Welt nehmen ärmere Jugendliche den Stechapfel dagegen sogar freiwillig zu sich – als günstige, leicht auf Müllhalden verfügbare Droge. Sie kauen die Samenkapseln, Blüten und Blätter oder bereiten daraus einen Tee zu, um ähnliche Leichtigkeit zu empfinden wie die Soldaten von Jamestown im Jahr 1676. Aber ohne Nebenwirkungen gibt es keine Höhenflüge mit dem Stechapfel. Dabei ist das Herzrasen noch das geringste Folgeübel, nicht selten endet der Konsum in epileptischen Anfällen oder sogar im Koma. Und der Weg vom Koma ins Jenseits ist bekanntlich ein kurzer.

In Kanawha County im amerikanischen Bundesstaat West Virginia beispielsweise wurden neun Teenager nach ihrem Stechapfelrausch in einem Klinikum behandelt, was Wissenschaftler sogar zu einem Überblicksartikel über diese Modedroge inspirierte.[80] Ähnliche Fälle sind aus Kanada bekannt.[81] Und selbst im Fernsehen ist dieser besorgniserregende Trend bereits angekommen: In der beliebten amerikanischen Serie *The Sinner* tötet ein Dreizehnjähriger seine Eltern mit einem Stechapfel-Tee.[82] Andererseits kann man an dieser Stelle natürlich auch fragen: Wie viele Tausende Male häufiger werden Jugendliche wie Erwachsene in Krankenhäuser eingeliefert, weil sie einen über den Durst getrunken haben? Wie viele Tote gehen auf das Konto des Alkohols? Müsste man nicht auch Hopfen und Trauben als Giftpflanzen bezeichnen?

Jahr für Jahr gehen knapp fünfzigtausend Anrufe in den amerikanischen Giftnotrufzentralen ein. Viele der dort gemeldeten Unglücksfälle betreffen Kinder unter fünf Jahren. Die Top-Five der gemeldeten Fälle verteilen sich auf den Giftefeu, die amerikanische Kermesbeere, Chili und Steinobst wie Pfirsiche und Kirschen, deren zerstoßene Kerne giftig sind. »In den letzten Jahrzehnten hat die Vielfalt der verfügbaren Kulturpflanzen – drinnen und draußen – dramatisch zugenommen«, teilt der Botanische Garten New York dazu beinahe resigniert mit.[83]

Vergiftet sich das durchschnittliche amerikanische Kind also vermehrt an der Blausäure der Kirschkerne und an anderen Kulturpflanzen, bleibt die Intoxikation an der Wildpflanze ein Privileg weniger Globetrotter. In den französischen Pyrenäen beispielsweise verwechselten drei Spaziergänger den Eisenhut mit Coscoll, einem Doldenblütler, dessen junge, gekochte Stiele dort als Spezialität gelten. Dabei ist eine solche Verwechslung eigentlich so gut wie ausgeschlossen, handelt es sich doch um Gewächse sehr unterschiedlicher Gattungen, einzig das sehr junge Alter der Pflanzen könnte sie ermöglicht haben. Mit schrecklichen Folgen: Der Mann starb, seine beiden Begleiterinnen erlitten schwere Vergiftungen.[84]

Gemeiner Stechapfel

Zu derartigen Tragödien scheint es im Land der Feinschmecker des Öfteren zu kommen. Eine weitere traf einen Mann aus Nantes, der seiner Frau zu später Stunde vermeintlich eine gekochte Petersilienwurzel servierte.

Nur leider handelte es sich dabei keineswegs um die harmlose Vertreterin der Doldenblütler, sondern um eine giftige Verwandte – die Safranrebendolde. Die Frau wollte ihrem Mann zum Glück keinen Gefallen tun und aß nur wenige Bissen des bitteren Zeugs. Ihr stolzer Gatte aber konnte seinen Fehler nicht eingestehen und verputzte den ganzen Teller. Zwanzig Minuten später erfolgte der Anruf beim Notdienst. Herzschlagstörungen und epileptische Anfälle marterten ihn. Am nächsten Morgen war er tot.

Der letzte absichtliche, von der Zeitung *Le Monde* dokumentierte Giftmord, bei dem die Wurzel der Safranrebendolde zur Anwendung kam, datiert hingegen auf das Jahr 1936. Die zweiundzwanzig Jahre alte Täterin, die ihrem Mann sein letztes Mahl servierte, wurde seinerzeit zu Zwangsarbeit verurteilt.[85]

Heute sind echte Pflanzengiftmorde in der Rangliste der medial aufbereiteten Schrecknisse weit zurückgefallen. Manchmal schaffen es aber anders geartete, kuriose Ordnungswidrigkeiten in die Schlagzeilen. Denn die Giftpflanzen wachsen ja weiter, und gelegentlich eben auch dort, wo sie niemand wachsen sehen will. Zum Beispiel in der Stadt Moers in Nordrhein-Westfalen.[86] Das dortige Ordnungsamt musste im Sommer des Jahres 2015 einschreiten, weil auf einem Privatgrundstück ein Giftgarten völlig aus dem Rahmen wucherte. Im Stadtteil Kapellen kultivierte ein Mann eine wahre Riesenbärenklau-Plantage – vielleicht ließ er es aber auch einfach nur geschehen. Dabei muss man bedenken: Der Riesenbärenklau wird baumhoch! Es handelte sich also geradezu um einen innerstädtischen Giftwald.

Und obwohl eine Lokalzeitung ihn als »gigantisch« und »schön« beschrieb, gingen bei der Stadt nicht wenige Beschwerden gegen den gefährlichen Wildwuchs ein. Denn berührt man diese himmelwärts strebenden Schönheiten mit weltlichen Fingern, und scheint dann auch noch die Sonne, kann dies üble Folgen haben: Kreislaufschock, Schweißfieber, Hautverbrennungen. Das Ordnungsamt tat also seinen Job und wies den Besitzer des Grundstücks auf das Problem hin; offenbar hat er den Giftwald darauf gewissenhaft gerodet, jedenfalls sind im Nachhinein keine weiteren Berichte über den Problemfall aufgetaucht.

In Duisburg fiel die Reaktion auf die Ausbreitung der Pflanze weit harscher aus. Das städtische Grünflächenamt ließ den Riesenbärenklau von Männern in Schutzanzügen entfernen, was dem Ganzen einen Hauch von Science-Fiction verlieh.

In Unterhaching musste sich wenige Jahre vor dem Moerser Fall eine Tagesmutter vor Gericht verantworten, weil das ihr anvertraute Kind seltsame Verbrennung erlitten hatte. Als Ursache wurde vermutet, dass das Kind unter Aufsicht der grob fahrlässigen oder aber von den Geheimnissen der düsteren Botanik gänzlich kenntnislosen Betreuerin mit dem Riesenbärenklau gespielt hatte.

Selbst die Qualitätspresse von internationalem Niveau hat sich schon mit dem Riesenbärenklau befasst: 1996 gab *Der Spiegel* einem Artikel über die Ausbreitung der ursprünglich aus Russland stammenden »monströsen Giftpflanze« den streitbaren Titel »Stalins Rache« – eine in Polen angeblich geläufige Bezeichnung.[87] Auch in Großbritannien verbreitet sich der Riesenbärenklau rasant, was auf die Klimaerwärmung zurückgeführt wird. Obwohl er schon zu viktorianischer Zeit als Zierpflanze ins Land gebracht worden war.[88] In Kanada wiederum beschrieben Medien den Riesenbärenklau als die gefährlichste Pflanze des Landes, und Fotos von Haustieren mit Fellverätzungen werden dutzendfach im Internet geteilt.[89]

Im Falle invasiver, also nicht heimischer Arten, verfolgen die Behörden eine robuste Bekämpfungsstrategie. Den Riesenbärenklau sollten die Bürgerinnen und Bürger »nachhaltig bekämpfen«, rät auch die Stadt Berlin: »Erblüht die Pflanze, muss der Hobbygärtner die Dolden abschneiden und vernichten. So verhindert er, dass sich Samen bilden. Er muss das Schnittgut verbrennen, in den Restmüll geben oder bei Temperaturen von mindestens 70 Grad kompostieren.«[90]

Kommen wir aber jetzt zu einer anderen interessanten Pflanze, vor der nicht minder selten gewarnt wird – zum Jakobskreuzkraut. Es mag äußerlich harmlos erscheinen, fast wie eine etwas größere Kreuzung aus Gänseblümchen und Löwenzahn, hält aber vor allem die Pferde- und Kuhbesitzer in vielen Gegenden der Erde in Atem. Dabei mahnt es doch sogar zur Vorsicht, das liebe Jakobskreuzkraut, indem es seine Stängel rötlich einfärbt. Doch die *Verdener Aller-Zeitung* kennt da nichts, nennt es ob seiner Blütenfarbe »Gelbes Gift« und spricht von »exponentieller Ausbreitung«.[91] In Gütersloh ist das Jakobskreuzkraut angeblich »seit ungefähr 2004« im Kommen, vor allem auf extensiv genutztem Grünland, das liebt es besonders. Und am Rande des Schwarzwaldes versuchte ein Mann aus ungeklärten Gründen, die Tiere eines Pferdehofs zu vergiften, indem er Bündel des Krauts auf der Weide hinterließ.

In Hambach schließlich tat sich eine Bürgergruppe rund um die Freiwillige Feuerwehr zusammen, um das Jakobskreuzkraut zu bekämpfen. Dazu muss man es rechtzeitig ausreißen, bevor es aussamen kann. Am Ende des Hambacher Pflückens wurden die mitsamt den Wurzeln ausgerissenen Pflanzen feierlich verbrannt. Zuvor hatte sich unter den Bürgern das Gerücht verbreitet, dass die Straßenpfleger der Gemeinde das Kraut ausgesät hätten, aus Gründen der Bienenförderung vielleicht, doch amtlich wurde dies stets dementiert.

Giftig ist das Jakobskreuzkraut für Tiere vor allem bei dauerhafter Aufnahme: Die Leber kann es nicht vollständig abbauen, daher reichert es sich mehr und mehr an und schädigt das Organ. Pferdebesitzer vieler Länder sind darüber sehr in Sorge, vor allem in Großbritannien und Irland fallen vermehrt mahnende Artikel ins Auge. Die Stimmung ist jedoch nicht so einseitig, wie es auf den ersten Blick scheint, vielmehr wird recht kontrovers über das Jakobskreuzkraut diskutiert. Die Debatte erinnert dabei etwas an die Streitereien über den Wolf, der Naturschützern als eine Art »Würze« der Wälder gilt, dessen Rückkehr für Weidetierhalter allerdings ein Graus ist – und mehr noch für die Tiere selbst.

Riesenbärenklau

Wie der Schierling ist auch dieses schreckliche, invasive Gewächs, das dschungelartige Höhen von drei Metern erreichen kann, ein Doldenblütler. Ursprünglich stammt es aus Südrussland und Georgien, wo es von Kleinbauern sogar als Viehfutter angebaut wird. Haustiere und Menschen vertragen den Kontakt dagegen weniger. Denn der Riesenbärenklau enthält sogenannte Furocumarine, die auf der Haut in Verbindung mit UV-Strahlen zu schmerzhaften Blasenbildungen führen. Man spricht daher von lichtinduzierten Hautirritationen oder Phytophotodermatitis.

Alle Doldengewächse verfügen über einen markanten Blütenstand, meist eine vierstrahlige Doppeldolde, doch mitnichten sind alle so giftig wie der Riesenbärenklau oder der Wiesenkerbel. Man denke nur an Möhren, Sellerie und Pastinaken. Dabei sieht die Wilde Möhre nahezu aus wie eine Miniatur des Riesenbärenklaus. Unterscheiden kann man sie dennoch und ungeachtet des Größenunterschieds recht leicht: Die Wilde Möhre trägt inmitten der weißen Dolde einen schwarzen Punkt.

Ihren charakteristischen süßlichen Duft erhalten die Doldengewächse durch sogenannte Polyine. Wenige Polyine, die in den Blättern und Stängeln, nicht aber in den Wurzeln stecken, sind wirklich stark giftig – das Cicutoxin des Wasserschierlings etwa – , das Tückische an ihnen ist jedoch, dass sie weder scharf noch bitter schmecken.

Andere Namen

Sosnowski-Bärenklau, Herkulesstaude, Heracleum mantegazzianum.

Enthaltene Gifte

Furocumarine aus der Gruppe der Psoralene.

Giftwirkung beim Menschen

Erst vierundzwanzig Stunden nach der Berührung und unter Einwirkung von Sonnenlicht setzen die Symptome ein, zunächst Hautreizungen und Rötungen, am Folgetag dann auch Bläschen. Schlimmstenfalls kommt es zu starken Hautverbrennungen.

Verwendung

Weniger die hautreizenden Furocumarine des Riesenbärenklaus, als verwandte Reizstoffe aus den Samen der Großen Knorpelmöhre werden zur Behandlung von Schuppenflechte eingesetzt.

Die Lobpreisungen des Jakobskreuzkrautes stammen, wie beim Wolf, von den Umweltparteien. Für Bestäuber sei das Kraut nämlich extrem attraktiv. So empfiehlt die Zeitung *Irish News* den irischen Gartenbesitzern, auf die Anpflanzung von Wildkräutern zu setzen – und vor allem eben auf das Jakobskreuzkraut. »Go native and bee friendly«, lautet die Ansage.

Was die Sprache angeht, kämpfen die irischen Umweltschützer ganz generell gegen das Wort »Unkraut«, man solle fortan lieber von »Wildpflanze« sprechen. »Was wir uns wünschen, ist, dass all diese Wildpflanzen gefeiert werden«, sagen die Wildkrautaktivisten der *Irish News*, und zwar »insbesondere umstrittene Arten wie das Jakobskreuzkraut, die eine der wichtigsten Nektarquellen für eine Vielzahl von Insekten sind. Wir versuchen nur, das Unkraut in Wildpflanzen umzubenennen, die wir genauso umarmen und genießen können wie andere Blumen.«[92] Das enthaltene Gift wird von dieser Seite dagegen so gut wie nie thematisiert.

Im Sommer 2021 setzte die britische Royal Horticultural Society diesem Zeitgeist die Krone auf: Sie verlieh ihre Goldmedaille für Gartenkultur an einen Garten, der vom Jakobskreuzkraut geradezu übersät war. »Erscheinungsweise: wunderschön«, schrieb der *Guardian* dazu. »Wo ein Spießer vielleicht nur ein Büschel unordentlichen Unkrauts sieht, sieht der Kenner eine Brutstätte herrlicher Artenvielfalt.«[93]

Erzählen Sie das mal den Pferden!

Zwischen Zuneigung und Ablehnung schwankt auch das Verhältnis der Menschen zu den Herbstzeitlosen. »Die giftige Knolle muss aus der Erde«, schreibt etwa die *Rhein-Main-Zeitung*, »Förster und Schüler bekämpfen die Herbstzeitlose im Naturschutzgebiet«.[94] Demgegenüber stehen die Freunde des gepflegten Gartens. »Herbstzeitlose jetzt pflanzen«, rät der *Südkurier*. Den Gärten bringen sie schöne Farbtupfer, den Weidetieren jedoch den Tod. Denn die Herbstzeitlose ist eine der giftigsten Pflanzen der Welt. Dabei erinnert sie doch so stark an den harmlosen Krokus. »Sie entsendet ihre Blüten, schöne, weißrötliche Blüten direkt aus der Erde heraus«, schreibt der uns bereits gut vertraute Doktor Welten. Um »die Zeiteinteilung, die von der Mutter Natur den Pflanzen vorgeschrieben ist, kehrt sich die Herbstzeitlose nicht. Im Herbst, wenn alle Blumen schlafen gehen zum langen Winterschlaf, da erwacht sie erst.«[95]

Auch vor der Blüte können die Herbstzeitlosen leicht verwechselt werden, und zwar mit dem Bärlauch, was nach einem Verzehr langfristige Schäden an Leber und Niere zur Folge haben kann. Oder aber den langfristigsten von allen: den Tod. Ihre Wirkung kann allerdings auch erhebend ausfallen. Bei Welten liest man sogar davon, dass einst die »Türken, soweit sie sich von der Abstinenzlehre ihres Propheten frei gemacht hatten, gern die Blüten mit Wein angesetzt haben, um so ein kräftiges, berauschendes Getränk zu erhalten.«[96]

Schon gegen Ende des 19. Jahrhunderts war die Morphiumsucht ein europäisches Massenphänomen. Und auch das aus der Kokapflanze gewonnene Kokain »diente«, wie es so schön heißt, den Menschen sowohl als Narkotikum als auch als Droge.

„Genussgifte«, sagte man früher. In diesem leider aussterbenden Begriff hat sich, konträr zur sonstigen, fast ausschließlich negativen Semantik, eine positive Konnotation des Giftes erhalten. Kaffee, Tee, Alkohol, Kakao, Mate, Coca Cola, Gewürze, Opium, Kokain, Haschisch, aber auch die Betelnuss wurden so bezeichnet. Die Gefahrenbetonung und Akzeptanz der einzelnen Substanzen variiert jedoch mit der Zeit. Dasselbe gilt bezüglich der Abgrenzung zu Nahrungsmitteln.

Jakobskreuzkraut

Diese gelb blühende Pflanze aus der Familie der Korbblütler ist eine häufige Todesursache bei Weidetieren, vor allem bei Rindern und Pferden. Vergiftete Tiere sind über Wochen angriffslustig und tobsüchtig, sondern sich von der Herde ab, gehen schwankend, saufen viel und fressen wenig und werden zunehmend schwächer.

Giftig also nur für Tiere? Nein, auch der Mensch ist gefährdet, und zwar immer häufiger. »Ursache hierfür sind Aufgüsse aus Kräutertees«.[97] Vergiftungsfälle aufgrund von Teezusätzen des eng mit dem Jakobskreuzkraut verwandten Kreuzkrauts sind aus vielen Ländern dokumentiert. Einige Staaten ließen dies teilweise sogar schon verbieten.

Das Jakobskreuzkraut wächst gern an Bahndämmen und Wegrändern, auf Weiden und Waldlichtungen. Leider blühen Kreuzkräuter ausdauernd, manche Arten schon ab März, das Jakobskreuzkraut von Juni bis Spätsommer, und gerade dann ist es auch am giftigsten – allerdings erst durch eine chemische Reaktion im Körper, nach der Aufnahme. Zudem besteht eine große Gefahr dadurch, dass es mit dem als Heilpflanze verwendeten Johanniskraut leicht verwechselt werden kann.

Andere Namen

Jakobsgreiskraut, Senecio jacobaea.

Enthaltene Gifte

Verschiedene Pyrrolizidinalkaloide.

Giftwirkung beim Menschen

Da Menschen in der Regel kein Heu essen, und sehr selten Pferde, sind Vergiftungen eher unwahrscheinlich. Kontaminierter Honig kann in größeren Mengen allerdings zu Übelkeit führen. Das Gift wirkt so, dass es vor allem die Venen in der Leber blockiert, wodurch Gifte über das Blut »ungefiltert« in andere Organe gelangen können. Große Giftmengen oder eine langzeitige Aufnahme können daher durchaus tödlich enden, meist aufgrund von Leberversagen.

Verwendung

Äußerlich angewandt sind die Pyrrolizidinalkaloide traditionelle Heilmittel, etwa gegen Schmerzen bei Prellungen und anderen Gelenk- und Muskelleiden.[98] Im antiken Griechenland fand das Jakobskreuzkraut auch als Aphrodisiakum Verwendung, in Form eines Elixiers namens Satyrion, benannt nach einer mythischen Nymphe.

Herbstzeitlose

Die lilienartige Pflanze riecht nicht unangenehm, ob sie nun in Afrika, Mittelasien, Nordamerika oder Europa ihre lilafarbenen Blüten zur Schau trägt. Vor der Blüte besteht für den Menschen eine große Verwechslungsgefahr in der Ähnlichkeit zum Bärlauch. Rinder wiederum werden gern Opfer getrockneter Herbstzeitlosen-Relikte im Heu. Die Folge: Durchfall, Lähmung, Tod.

Andere Namen

Giftkrokus, Leichenblume, Nacktes Mädchen, Colchicum autumnale.

Enthaltene Gifte

Colchicin, in den Blüten hochkonzentriert mit mehr als einem Prozent Anteil.

Giftwirkung beim Menschen

Brennender Durst, Erbrechen, nach etwa einem Tag oder später: Blutdurchfälle, aufsteigende Lähmung. Es dauert Monate, bis der Körper sich davon erholt hat. Jede zehnte Vergiftung endet sogar tödlich.

Verwendung

In der Antike wurden die Herbstzeitlosen vielfach arzneilich genutzt, etwa gegen Rheuma und Gicht. Beim Naturforscher Dioskurides heißt die Pflanze Kolchikon und wird als Schmerzmittel empfohlen. Heute finden sie sich nur noch sporadisch im homöopathisch sortierten Arzneimittelschrank. Colchicin ist ein kumulatives Gift, sammelt sich also im Körper an, sodass diese Mittel nur wenige Tage nacheinander und vor allem nur in Absprache mit einem Arzt eingenommen werden sollten.

Koka

Der Kokastrauch wird zwei, drei »Köpfe« größer als wir Menschen, hat statt Köpfen aber viele zentimeterkleine rote Beeren. Viel interessanter sind jedoch die Blätter. Ihr Geschmack: bitter, grasig. Ihre Form: eierförmig bis rund. Ihre Farbe: grün. Mehr als einhundert verschiedene Arten hat man gezählt, sie wachsen in Mittel- und Südamerika, in Teilen Afrikas und Asiens, und einige davon vertragen sogar Höhen von bis zu zweitausend Meter. Der kolumbianische Kokastrauch – eine von wenigen für die Drogenherstellung verwendeten Arten – ist ziemlich ergiebig im Anbau, vor allem in regenreichen, warmen Subtropen. Jährlich sind vier Ernten möglich, und ein einzelner Strauch lässt sich ein halbes Jahrhundert nutzen.

Europa erreichte die Pflanze erstmals im Jahr 1750, im Gepäck des französischen Arztes und Pflanzenkundlers Joseph de Jussieu, stieß dort allerdings auf gemischte Reaktionen. Zunächst fanden die Blätter als Mittel zur Konzentrationsförderung Eingang in die Genussmittelküchen der Oberschichten, schnell aber erfolgten die ersten Sucht-Warnungen, und die Bevölkerung mied den Umgang bald wieder. Daher blieb dem Koka die Karriere des Kaffees verwehrt, dessen Effekt als eine wichtige Grundlage für den Aufstieg des Bürgertums und seiner hochkonzentrierten Geistesleistungen beschrieben wurde.

Andere Namen

Peruthen, Erythroxylum coca.

Enthaltene Gifte

Vor allem Tropanalkaloide, in reifen, alten Blättern vor allem Kokain, in jungen Cinnamoylcocain.

Giftwirkung beim Menschen

Sehr unterschiedlich je nach Verwendungsart. Koka kann wach und warm halten, das Hungergefühl unterdrücken und die Arbeitskraft (für eine Weile) steigern. Bei häufigem Kauen der Blätter folgt jedoch meist nur noch Apathie.

Verwendung

Die pulverisierten Blätter lassen sich – rein oder in Mischformen – schnupfen, kauen, inhalieren, rauchen, trinken. In den Anden gilt es als Allheilmittel und »Aspirin der Armen«. Traditionell wurde es als Narkotikum bei Operationen und als Wundheilmittel verwendet. Ab dem frühen 20. Jahrhundert kam es in den Industriestaaten auch als Arznei zum Einsatz: bei Asthma, Schmerzen oder Krämpfen.

In Zeiten der Einführung von Kolonialwaren wie Kaffee gab es teils vehemente Warnungen und erbitterte Gegnerschaft, gelegentlich wurden sie gar als tödliche Gifte bezeichnet.

Bei den meisten dieser Genussstoffe gibt es – ab bestimmten regelmäßigen Aufnahmemengen – Indizien auf erhöhte Risiken für Krebs oder Herz-Kreislauf-Krankheiten. Und auch Entzugserscheinungen können auftreten, etwa Kopfschmerz, Konzentrationsschwäche, Reizbarkeit und Depression bei zuvor starken Kaffeetrinkern.

Doch Giftpflanzen haben noch weit mehr zu bieten als Schönheit, Rausch, Leiden und Tod. Sie können auch fürsorglich sein.

2
3

Giftgüte

Giftgüte

Mitfühlend und sozial seien heimische Laubbäume, meint Peter Wohlleben. Das könnte man ebenso gut von Giftpflanzen sagen. Etwa so: Sie schenken einander ihre Gifte, um der Familie das Leben zu erhalten, aus reiner Nächstenliebe.

Wissenschaftlich gut belegt ist, dass eine große Pflanzenvielfalt in Ökosystemen Resilienz schafft, dass Fruchtfolge und Pflanzenvielfalt im Garten und auf dem Acker nicht nur den Boden schonen, sondern sogar einen ertragreichen Anbau begünstigen.[99] Dass auch Giftpflanzen eine nützliche Rolle in Lebensgemeinschaften mit anderen Pflanzen spielen, ist dagegen eine relativ neue, noch kaum ins allgemeine Bewusstsein durchgesickerte Einsicht der Wissenschaft. Von »horizontalen Naturstoff-Transfers« spricht in diesem Zusammenhang der deutsche Pflanzenbiologe Dirk Selmar.[100]

Das bedeutet: Pflanzen nehmen über den Ackerboden auch Giftstoffe benachbarter, oder besser gesagt: zu Humus gewordener, ehemals dort gewachsener Pflanzen auf. Das kann für Menschen durchaus nachteilige Effekte haben. Botaniker beobachten etwa eine »Kontamination« von Ackerfrüchten mit Pflanzengiften wie Tropanalkaloiden – oder, entlang der Spazierwege, mit dem Nikotin weggeworfener Zigarettenkippen, das von Pfefferminze, Kamille, Gerste und Konsorten über die Wurzeln aufgenommen wird.

Diese Erkenntnis aber bedeutet für Gärtner nicht nur, was sie ohnehin schon wussten: dass Zigarettenkippen in Kräuterbeeten nichts zu suchen haben. Sie hat darüber hinaus weitreichende Konsequenzen für unser Verständnis von Ökosystemen und der Rolle, die Giftpflanzen darin spielen. Und das ist eine ziemlich segensreiche. Denn die Giftpflanzen stellen ihre wertvollsten Besitztümer auch anderen Pflanzen zur Verfügung – und zwar Pflanzen, die ohne sie hilflos wären. Doch ausgestattet mit den Waffen ihrer verstorbenen, giftigen Nachbarn können auch sie sich nun schadhafte Insekten vom Leib halten. Von »bislang weitgehend unverstandenen positiven Auswirkungen von Co-Kulturen und Fruchtfolgen« spricht Selmar. Das Gute daran ist, sowohl für den Kleingärtner als auch den Großbauern: Durch eine gezielte Anpflanzung geeigneter Giftpflanzen ließe sich womöglich auf viele chemische Pestizide verzichten. Etwa auf Neonikotinoide, die als ökologisch höchst problematisch gelten, da sie den Orientierungssinn von Bienen verwirren können. Könnten diese also ersetzt werden, indem man der Aussaat beispielsweise Tabakpflanzen beimischt? Oder könnte man daraus ein biologisches Insektizid-Pulver herstellen, welches die Nutzpflanzen über ihre Wurzeln aufnehmen (und das nicht so staubig vernebelt wird, dass es doch auch wieder den Bienen schadet)? In Selmars Experimenten nahmen Kamille-, Petersilien- und Melissenpflanzen zum Beispiel pulverisiertes Jakobskreuzkraut auf und lagerten seine schützenden Substanzen in ihren Blättern ein, in diesem Fall Pyrrolizidinalkaloide.

Die Alkaloide werden jedenfalls zunehmend als biologische Pflanzenschutzmittel interessant. Und als solche wird man sie auch dringend benötigen, wenn die chemischen nach und nach abgeschafft werden sollen – aus Gründen des Boden- und Klimaschutzes.

Im Laufe des langen 20. Jahrhunderts hat die Petrochemie in großem Maßstab die alten natürlichen Rohstoffe ersetzt. Sämtliche Phytotoxine konnten nun chemisch synthetisiert werden. Da war es wirtschaftlich widersinnig, auf den viel teureren Anbau von Giftpflanzen zu setzen. In Zukunft könnte sich das ändern.

Nicht nur Pflanzen wie die Herbstzeitlose produzieren Alkaloide, um sich vor Feinden zu schützen. Auch Bakterien, Pilze oder Tiere können das. Zwei Arten des Bodenbakteriums Rhizobium, genannt Bradyrhizobium und Methylobacterium, bilden beispielsweise eine Symbiose mit dem Hülsenfrüchtler Crotalaria.[101] Dabei helfen die Knöllchenbakterien der Pflanze nicht nur, Stickstoff aus der Luft zu binden, sondern auch, Pyrrolizidinalkaloide zu produzieren, die die Pflanze gegen Fressfeinde immunisiert.

Das Wunder vom überlebenswichtigen Giftaustausch hat damit aber noch kein Ende: Auch ein Nachtfalter macht sich das Gift zu eigen. Der *Utetheisa ornatrix* legt seine Eier in der Crotalaria ab, und die Raupen und die sich daraus entwickelnden Falter nehmen das Gift in ihre Körper auf. Die können es vertragen – aber ihre Fressfeinde nicht. Fängt eine Spinne diese Falter, begutachtet sie die Beute kurz – und wirft sie dann schleunigst aus dem Netz. Kluge Spinne. Noch klügeres Rhizobium: Es überrascht wenig, dass es im Jahr 2015 in Deutschland zur »Mikrobe des Jahres« ernannt wurde.[102]

In solchen Fällen ist das Gift tatsächlich eine Gabe – ein Schatz, der dem Überleben dient und von Pflanze zu Tier, von Bakterium zu Pflanze, von Pflanze zu Pflanze weitergereicht wird. Das Zusammenwirken der Arten und Lebensformen in der Umwelt ist unglaublich facettenreich. Und doch wird der Wissenschaft der Wert der Alkaloide für die natürliche Balance der Ökosystemen erst heute so langsam bewusst. Denn sterben die Crotalaria, sterben auch die Nachtfalter. Diese ökosystemische Betrachtung und Wertschätzung der Giftpflanzen muss daher eine sehr viel größere Berücksichtigung finden, auch in der Agrarchemie. »Unter Pflanzen wirken Alkaloide als allopathische Verbindungen, und diese Eigenschaft macht einige der Pflanzen zu einem potenziellen natürlichen Unkrautbekämpfungsmittel«, heißt es dazu in einem aktuellen Aufsatz indischer Wissenschaftlerinnen, die eine bedeutende »ökologische Rolle von Alkaloiden […] bei der chemischen Bekämpfung von Schädlingen« sehen.[103]

Efeu

Etwa ein Fünftel aller Gewächse enthalten Alkaloide, die meisten als Abwehrmittel gegen Insekten oder Wiederkäuer. Und selbstverständlich können einige davon auch für Menschen gefährlich sein, wenn sie zu viel davon essen.

Aber wer isst schon zu viel – Efeu?

Hunderte Jahre alt können die eigentlichen Bodenkriecher werden und wachsen währenddessen gewissermaßen zu stattlichen Efeu-Bäumen heran. Das wäre ohne deren vortreffliche Gifte kaum möglich. Denn eine Pflanze, die keine Beine zum Weglaufen hat und keine Zähne zum Beißen, ist zum Überleben auf ihre Gifte, Dornen und Stacheln angewiesen. Die Welt ist verbittert, und jeder, der überleben will, hat ein Recht auf eine Verteidigungsstrategie.

Der Mensch hat dafür seine Sprache und seine sogenannte Intelligenz. »Das Ich und die Abwehrmechanismen«[104] sind eine Quelle narrativer Schätze, die im Grenzfall jedoch die Gifte der schmerzhaften Lebenserfahrungen nach draußen absondern. Wie bereits beschrieben, beschränkte sich die Beziehung zwischen Mensch und Giftpflanzen denn auch Jahrhunderte lang auf Furcht, Dämonisierung, tragische Unglücksfälle, Heilshoffnungen, tödliche Fehlmedikationen und kulinarische Aspekte. Ein echtes botanisches Interesse an den Giftpflanzen und ihrem Beitrag für die Ökosysteme ist dagegen ziemlich neu und vielleicht sogar erst eine Folgeerscheinung der Zerstörung natürlicher Lebensräume durch die industrielle Landbewirtschaftung. Dabei hätte uns schon sehr viel länger klar sein können, ja müssen, welch große Bedeutung für ein gesundes, vielfältiges Zusammenleben selbst Pflanzen haben, die nicht auf den ersten Blick nützlich sind. Aber auch Giftpflanzen sind Nutzpflanzen. Und zwar nicht nur für die Natur an sich, sondern gerade für uns Menschen. Das lässt sich im heimischen Garten vortrefflich beobachten.

Efeu

Viele Hausbesitzer fürchten den Efeu, sie sehen in ihm ein Gift für ihre schönen Fassaden, da die Haftwurzeln bereits rissigen Putz weiter beschädigen können, was zu feuchten Mauern führen kann. Unheimlich erscheint manchem Bewohner auch, was in der Fassadenbegrünung so alles raschelt und kriecht und durch offene Fenster womöglich in die Wohnung eindringen könnte: Mäuse, Spinnen, Weberknechte, vielleicht auch eine Blindschleiche?

Aber für ein gutes Stadtklima ist die Efeuranke sehr wichtig. Der aus Eurasien stammende Efeu ist robust, schattenspendend, ganzjährig grün, schützt Häuser vor der Sommerhitze und dämmt im Winter. Laut einer amerikanischen Laborstudie der NASA aus dem Jahr 1989[105] reinigt er zudem die Luft von chemischen Schadstoffen wie Benzenen oder Formaldehyden, was seither zwar in einigen Studien belegt[106], in anderen jedoch erheblich relativiert wurde. Denn die NASA-Experimente, in denen die Luftfilterfunktion von Zimmerpflanzen untersucht wurde, erfolgten in kleinen Laboren – um denselben Effekt für gewöhnliche Büroräume oder Wohnungen zu erreichen, seien allerdings Pflanzendichten von mindestens zehn Pflanzen pro Quadratmeter nötig, haben neuere Forschungen ermittelt.[107]

Im antiken Griechenland versprach man sich vom Efeukranz eine Kühlung des Hirns, auch und insbesondere bei gleichzeitigem Weinrausch. Im frühen Christentum wiederum wurde er Toten als Symbol für ewiges Leben mit ins Grab gegeben.

Weil der Efeu bis Oktober blüht, als eine der letzten Pflanzen vor dem Winter, ist er für Bestäuberinsekten enorm wertvoll. Die dunkelblauen Früchte reifen denn auch besonders früh: ab Februar. Singvögel wie Rotkehlchen und die Mönchsgrasmücke fressen sie und verbreiten die Samen.

Andere Namen

Gemeiner Efeu, Baumwinde, Hedera helix.

Enthaltene Gifte

Falcarinol, Alpha-Hederin. Gerbstoffe in den Blättern, die Gifte in den Blüten und Früchten.

Giftwirkung beim Menschen

Übelkeit, Erbrechen, Schock und Atemstillstand nach dem Genuss der blauschwarzen Beeren.

Verwendung

Extrakte der Blätter werden zu Hustensaft verarbeitet.

Giftgarten

Giftgarten

Verweilen wir also eine Weile beim Gedanken an die Gartenkunst und die heimische Landwirtschaft. Haben Sie schon einmal darüber nachgedacht, einen kleinen Giftgarten anzulegen? Giftgewächse können unseren etwas eintönigen Gärten eine gewisse Würze verleihen. Vor allem aber können sie heilsam sein – und zwar gleich auf verschiedene Weise.

Mein eigener Garten, ein Schrebergarten, befindet sich im Süden Frankfurts. Die Hochhäuser der Banken sind in Sichtweite, Flugzeuge fliegen darüber hinweg, andererseits liegt er aber auch direkt an einem Waldrand. Von dort kommen mitunter wilde Samen herübergeflogen, sodass in meinem Garten einige Giftpflanzen wachsen, die ich selbst nicht ausgesät habe. Siedeln sie sich an einer passenden Stelle an, lasse ich sie nur zu gern stehen, denn sie kommen den anderen Pflanzen zugute. Bei mir sind es momentan sieben Arten: Da ist zum Einen das Schöllkraut, dessen orangefarbenen Wurzelsaft ich sehr bewundere und meinem Sohn regelmäßig auf seine Hühneraugen rieb, als er noch klein war. Dieses Mittel war unwirksam auf der stofflichen

Schlafmohn

Roter Fingerhut

Ebene, aber hoffentlich wirksam auf der Beziehungsebene. Der Saft riecht scharf und hinterlässt Spuren auf der Haut, die auch am nächsten Tag nichts von ihrer Hartnäckigkeit verloren haben. Dann gibt es noch Efeu, Gelben Fingerhut und Schlafmohn. Dessen Anbau ist in Deutschland zwar offiziell verboten, aber, wie gesagt, die Erde meines Gartens steckt voller wilder Samen, und der Schlafmohn wächst und blüht schneller, als Hobbygärtner sich umsehen können. Fünftens hat sich die Weißrand-Wolfsmilch, auch Bergschnee genannt, bei mir niedergelassen, daneben noch die Küchenschelle und zu guter Letzt – der Schwarze Nachtschatten.

Der Schwarze Nachtschatten stammt eigentlich von meiner Gartennachbarin, sie züchtet ihn regelrecht, und so mangelt es auch in meiner Erde nicht an seinen Samen. Die Nachbarin ist eine ältere Dame aus Südkorea, und wir tauschen uns ausdauernd über unsere Pflanzen aus. Sie ist eine große Künstlerin, ihr Grundstück kommt fast schon einem botanischen Garten gleich. Es ist in mehrere Bereiche eingeteilt, hügelige und flache, strauchige und humose, und selbst für einen natürlichen Teich mit wilden Gewächsen hat sie Platz. Bei ihr wachsen selbstverständlich noch mehr Giftpflanzen als in meinem Garten. Neben denen, die ich bei mir zählen kann, habe ich bei ihr unter anderem Maiglöckchen, Pfaffenhütchen und Engelstrompeten gesehen, und der Fingerhut kommt bei ihr auch in der roten und der wolligen Version vor. Das wirklich Besondere an ihrem floralen Treiben ist jedoch ihre Beziehung zu besagtem Schwarzen Nachtschatten: Meine Nachbarin verspeist seine Beeren.

Schwarzer Nachtschatten

Manche der alten Autoren sagen, die Beeren seien essbar, andere sagen, sie seien tödlich, und dritte sagen, es komme darauf an. »Beides ist richtig«, schreibt etwa Richard Schmipfky im Jahr 1893, »denn die Wirkung des schwarzen Nachtschattens ist bedingt durch Klima und Bodenbeschaffenheit und darnach sehr verschieden. Ebenso ist der Geschmack der Pflanze grossen Abweichungen unterworfen und kann manchen Ortes ein angenehmer sein.«[108] Auch hängt die Wirkung vom Reifegrad der Beeren ab. So sagt die gegenwärtige Giftpflanzenforschung, sehr reife Früchte seien nahezu frei von den gefährlichen Alkaloiden. Von den grünen sollte man dagegen unbedingt die Finger lassen. Aber das wissen wir ja eigentlich schon von der Tomate.

Der Schwarze Nachtschatten ist das in Mitteleuropa wohl häufigste Giftunkraut, er wächst in Stadtparks und Gärten, am Straßen- und Wegrand. Er ist ein einjähriges Gewächs mit auffällig gezahnten, dunkelgrünen Blättern, das über einen halben Meter hoch werden kann und von Juli bis Oktober blüht. Die weißen Blüten stehen in engen Trauben, sogenannten Trugdolden, zusammen.

Andere Namen

Hühnertod, Alpkraut, Berstebeer, Solanum nigrum.

Enthaltene Gifte

Solanin in allen Pflanzenteilen.

Giftwirkung beim Menschen

In lange zurückliegenden Tierversuchen, über die Welten berichtet, starben angeblich Hunde und Kaninchen am Saft des Schwarzen Nachtschattens. Für Menschen ist der Genuss einzelner reifer Beeren allerdings kaum schädlich.

Verwendung

In Dalmatien sollen die Beeren, in Butter gebraten, ein Schlafmahl sein. In subtropischen Regionen Afrikas wird der Schwarze Nachtschatten angebaut, um beispielsweise Bodendegradation rückgängig zu machen. Zudem findet er vielfach in der Pharmazie Verwendung: vom Entwurmungsmittel bis hin zu einem Präparat gegen Mandelentzündungen. In der traditionellen chinesischen Medizin spielt er sogar bei Krebsmedikamenten eine Rolle.

Schon als Kind habe sie in ihrer koreanischen Heimat oft von diesen Beeren gegessen, und sie verbinde schöne, süße Erinnerungen damit. Ihnen, liebe Leserinnen und Leser, möchte, ja muss ich geradezu dringlich vom Verzehr der Nachtschattenbeeren abraten. Wenn sie reif, schwarz und weich sind, ist ihr Aroma zwar süß und fein, und die glücklichen Kindheitserinnerungen meiner Nachbarin möchte ich gar nicht kleinreden, doch wie stets, macht auch hier die Dosis das Gift. Vor allem die unreifen Beeren verfügen über einen hohen Gehalt an Alkaloiden wie Solanin, die unter anderem zu Erbrechen, Durchfall und Atembeschwerden führen können. Für Kleinkinder kann sogar bereits der im Grunde geringe Solaningehalt reifer Früchte genügen, um Vergiftungserscheinungen hervorzurufen.

Doch ich muss gestehen, ich selbst habe mit meiner Nachbarin schon so manche reife Beere des Schwarzen Nachtschattens gegessen, und nie ereilte mich eine Nebenwirkung. Weder Bauchschmerzen noch ein kleiner Rausch. Denn nach dem Genuss der siebten oder achten Beere setzt schnell ein Sättigungsgefühl ein, da nach der anfänglichen Süße ein fader, bitterer, öliger Geschmack die Oberhand gewinnt. So nimmt ein Mensch mit durchschnittlich ausgeprägten Geschmacksnerven, der mit ihnen kein besonderes Kindheitsglück assoziiert, schnell Abstand von ihnen.

Pfaffenhütchen

Ich bin kein professioneller Giftgärtner, daher habe ich, um mehr zu erfahren, den im Jahr 2007 zu Ehren des Naturforschers und Arztes Johann Christian Senckenberg (1707–1772) im Frankfurter Westend angelegten Gift- und Arzneipflanzengarten besucht. Dort stehen allerhand Giftpflanzen dicht an dicht, was kein so schauriges Bild abgibt, wie man denken könnte. Vielmehr erinnerte er mich an den Garten meiner Großmutter in Südoldenburg, die eine Vorliebe für seltsame Nadel- und Dornengewächse hatte. Auch einige Eiben waren darunter, und die gehören zweifellos ins Herz eines jeden Giftpflanzenbiotops. Eiben sind, wie schon erwähnt, äußerst langlebig, von schönem, rundem Wuchs und resoluter Konstitution. Außerdem spenden sie all jenen Pflänzchen, die es nötig haben, angenehmen Schatten.

In die Reihe vor den Eiben, auf der Sonnenseite, könnte man die Belladonna setzen, die schönste der allergiftigsten Gewächse. Damit die reizende Dame Ihre Kinder nicht zum gefährlichen Naschen verleitet, pflanzen Sie sie am besten – wie im Senckenbergischen Giftgarten geschehen – mit einigem Abstand zum Rasen und den Wegen. Quasi in Griffweite und damit in die vorderste Reihe kommen stattdessen weniger tödliche, arzneilich jedoch ertragreiche Gewächse, damit Sie diese bei Bedarf leicht ernten können – etwa milchsaftiges Schöllkraut, reichblütige Meerzwiebeln und liebliche Küchenschellen.

Gewöhnliche Küchenschelle

Im Senckenbergischen Giftgarten ist zudem ein eigenes Beet für Arzneipflanzen reserviert, die ihre Wirkstoffe in »Reinform« enthalten. Sie sind die große Ausnahme unter den Giftpflanzen. Alle anderen sind praktisch Gift-Cocktails. Doch als Arzneimittel sind eher die Puristen gefragt: Eibe, Schlafmohn, Buchweizen, Rosafarbenes Zimmerimmergrün und Schneeglöckchen. Im Beet vertragen sich diese fünf sehr gut miteinander: die Eibe als Schattenspender, Mohn und Buchweizen als blütenreiche Stauden, das Zimmerimmergrün als Bodendecker und das Schneeglöckchen als Frühblüher.

Engelstrompete

Das Nachtschattengewächs ist von Südamerika überallhin gereist, auch um unsere Gärten zu verschönern. Eine Weile hatten die Botaniker sie den Stechapfelgewächsen zugeordnet, haben dies aber mittlerweile revidiert. Vier Meter hoch kann der Strauch werden, dessen weiche Blätter zum Streicheln einladen. Die ellenlangen, wunderbar duftenden Blüten erscheinen vom Hoch- bis zum Spätsommer; es gibt sie in Gelb, Weiß, Rosa oder Orange. Doch so giftig die Engelstrompete ist, so sensibel ist sie auch: Kräftigen Wind und Mittagssonne verträgt sie schlecht, Frost bringt sie um. Zudem braucht sie sehr viel Wasser und sehr, sehr viel Dünger, insbesondere, wenn man sie in Kübeln hält.

Andere Namen

Brugmansia.

Enthaltene Gifte

Scopolamin, L-Hyoscyamin, Atropin. Gemeinsam mit dem Stechapfel und dem Bilsenkraut besitzt die Engelstrompete den höchsten Gehalt dieser Alkaloide, vor allem in den Blüten, Früchten und Samenkernen.

Giftwirkung beim Menschen

Ähnlich wie beim Stechapfel oder bei der Tollkirsche.

Verwendung

Aufgrund ihrer starken halluzinogenen Wirkung wird sie vor allem in Südamerika als Rauschmittel herangezogen, oft mit tödlichem Ausgang. So ist etwa von indigenen Kulturen der nördlichen peruanischen Anden überliefert, dass sie sich davon versprachen, in Kontakt mit den Ahnen zu treten.

Gewöhnliche Küchenschelle

Sie ist ein Beispiel für eine Giftpflanze, die trotz ihrer Toxizität in manchen Ländern ausgestorben ist und in anderen auf der Roten Liste der gefährdeten Arten steht. Sie mag sonnige, sandige Hügel, wobei die Wurzel bis zu einem Meter tief reichen kann, während die eigentliche Blume selten dreißig Zentimeter überragt. Die glockenförmigen, lilafarbenen Blüten stechen hervor, der Wuchs der Blätter ist dagegen unscheinbar.

Als Frühblüherin ist die Küchenschelle in Steinbeeten gern gesehen und hat trotz ihrer Gifte kaum etwas zu vergangenen Gruselgeschichten von Mord und fehlgeschlagenen Selbstmedikationen beigetragen.

Andere Namen

Kuhschelle, Graues Bergmännchen, Pulsatilla vulgaris.

Enthaltene Gifte

Protoanemonin.

Giftwirkung beim Menschen

Tränenfluss und Hautreizungen. Pečírka berichtet überdies von folgendem Fall: »Ein Greis, welcher sehr lange Zeit an gichtlichen Gliederschmerzen litt, zerrieb Wurzeln der Küchenschelle, legte den Brei auf eine Wade, und nachdem er eine gute Flasche Wein getrunken, legte er sich nieder. Er hatte zwölf Stunden lang die schrecklichsten Leiden und das ganze Bein wurde brandig. Durch ärztliche Hilfe wurde jedoch der Brand in seinem Vorschreiten gehemmt und der Kranke wurde geheilt.«[109]

Verwendung

Eigentlich kaum von Bedeutung. In der Homöopathie wird es wohl gegen phlegmatische Verhaltensweisen eingesetzt.

Schöllkraut

Das Mohngewächs wird für einige Pflanzenarzneimittel verwendet. Sein Saft ist zwar milchig, aber nicht Morphium-haltig. Das Schöllkraut wächst wild in großen Teilen Asiens und Europas und wird bis zu achtzig Zentimeter hoch. Es blüht fast die gesamte Pflanzsaison über, von Ostern bis nach dem Oktoberfest. Seine Blüten werden zu Samenkapseln in Schotenform. Da es sich problemlos selbst vermehrt, gilt es als Plage der Gärten. Dankenswerterweise riecht es unangenehm, insbesondere bei Verletzung.

Andere Namen

Schwalbenkraut, Warzenkraut, Chelidonium maius.

Enthaltene Gifte

Zahlreiche Berberin- und Protoberberinalkaloide.

Giftwirkung beim Menschen

Bei Verzehr: Brennen im Mund, Erbrechen, Blutdurchfall, Schwindel. Bei großer Menge: Tod.

Verwendung

Mit großer Hoffnung verbundene, jedoch wenig wirksame Anwendung gegen die Pest im Mittelalter. Auch dem Kampf gegen Warzen mangelt es an verifizierten Erfolgen. Daneben findet es in Gallen- und Leber-Tees und bei Blähungen Verwendung, wobei die Nebenwirkungen meist überwiegen.

Rosafarbenes Zimmerimmergrün

Das Büschlein wurde traditionell als Heilmittel gegen hohen Blutzuckerspiegel verwendet, doch nach Laborexperimenten in den Nachkriegsjahren weiß man, dass es dagegen nicht hilft. Stattdessen fand man dabei eher zufällig heraus, dass es sich als Krebsmittel eignet. Es senkt die Zahl der weißen Blutkörperchen und kann dadurch in der Leukämiebehandlung eingesetzt werden. So brachte es seiner Heimat Madagaskar einen neuen kleinen landwirtschaftlichen Einkommenszweig.

Andere Namen

Madagaskar-Immergrün, Rosafarbene Catharanthe, Catharanthus roseus.

Enthaltene Gifte

Verschiedene Terpenoidalkaloide, als wirksam im Einsatz gegen Leukämie gelten Vincristin und Vinblastin. Sie sind sowohl in den Blüten als auch in den Blättern enthalten.

Giftwirkung beim Menschen

Die heilsamen Alkaloide hemmen die Zellteilung. Das betrifft auch die Krebszellen.

Verwendung

Das Zimmerimmergrün liefert einen wichtigen Stoff im Kampf gegen Krebs.

Und neben den genannten Gewächsen sah ich im Senckenbergischen Giftparadies auch Fingerhut, Pfaffenhütchen und Maiglöckchen stehen.

Diese Gartenbepflanzung bietet schon ein breites Spektrum zum Nutzen, Bestaunen und Reflektieren. Man könnte sie aber auch noch durch ein paar Alraunen und Gartenbohnen ergänzen, ob mit grünen oder schwarzroten Schoten ist dabei egal. Auch die Gartenbohne, dieser bodenkonservierende, stickstoffbindende Hülsenfrüchtler, wächst im Senckenbergischen Giftgarten. Wie übrigens auch der Wunderbaum mit seinen sternförmigen Blättern und roten Stachelfruchtblüten. Seine Anpflanzung sei Gärtnerinnen und Gärtnern sehr zur Nachahmung empfohlen. Es gibt ihn mit roten, dunkel- oder hellgrünen Blättern, hoch und prachtvoll wächst er, wenn auch nur einjährig.

Schneeglöckchen

Als strauchigen Blickfang bietet sich der Gewöhnliche Meerträubel mit seinen roten, fleischigen Zapfen an. Und dann gäbe es da noch den Zwergholunder, der trotz seines Namens recht hoch und buschig wird, außerdem hat man lange seine Freude an ihm. Lesen Sie vorher aber nur zur Sicherheit einmal, was der alte Doktor Pečírka über den Holunder erfahren hat, und fürchten Sie fortan das Abgeschabte seiner Wurzel:

Ein Arzt wurde zu einer 54jährigen, aber älter aussehenden, sehr schwachen Frau gerufen, die den ganzen Tag über grünliche Massen erbrochen hatte. Ihr Mann gab an, er habe geglaubt, seine schon 10 Tage kranke Frau würde sofort genesen, wenn sie einmal ordentlich abführe. Er habe daher eine Holunderwurzel, die er an diesem Tage erst ausgegraben, von oben nach unten zugeschabt. Das Abgeschabte habe er ausgepreßt, dadurch zwei Löffel voll Saft erhalten und diesen der Kranken eingegeben. Dessenungeachtet habe diese gebrochen, was eigentlich nur der Fall hätte sein sollen, wenn die Wurzel von unten nach oben geschabt worden wäre. Die Kranke klagte über heftige Leibschmerzen und in Anwesenheit des Arztes trat mehrmals flüssiger Stuhlgang ein. Tags darauf stellten sich Zeichen einer Gedärmentzündung ein, in deren Folge die Frau bald verschied.[110]

Sie müssen aber natürlich nicht zwanghaft versuchen, Ihren Giftgarten mit möglichst vielen potenziell tödlichen Pflanzen auszustatten – mit Heil- und Arzneipflanzen lassen sie sich wunderbar kombinieren. Im Senckenbergischen Garten sind sie sogar nach dem körperlichen Ort der Gebrechen sortiert: ein Beet für den Magen-Darm-Komplex, ein Beet fürs Herz, ein Beet fürs Hirn. Im Beet der krampflösenden Gewächse stehen beispielsweise neben der Belladonna Kümmel, Anis, Fenchel und Kamille, Pfefferminze, Baldrian und Schöllkraut.

In dem Beet, das für Atemwegserkrankungen gedacht ist, koexistieren dagegen Königskerze und Efeu, Thymian und Fenchel, Süßholz und Primel, Malve, Eibisch und der Spitzwegerich. Inspirierend könnte auch das Beet sein, das Nervenerkrankungen zu lindern verspricht: Baldrian, Lavendel, Melisse, Hopfen und die Passionsblume wachsen hier. Auch Verdauungsstörungen sollte man nicht auf die leichte Schulter nehmen. Da hilft: Gewöhnliche Schafgarbe gegen Appetitlosigkeit, Gelbgrüner Frauenmantel gegen Durchfälle, Engelwurz gegen Blähungen, Wermut und Wiesen-Kümmel gegen Magen-Darm-Krämpfe. Auch hier sind also Heil- und Giftpflanzen kombiniert. Gefahr droht jedoch allenfalls durch Schöllkraut, Engelwurz und Wermut. Aber man sollte sich ja ohnehin informieren, bevor man sich an die Bepflanzung macht.

Bedeutsame Giftgärten gibt es freilich nicht nur in Frankfurt am Main – auch in Großbritannien lässt sich der ein oder andere besichtigen. Der Alnwick Garden in Northumberland etwa beherbergt, gesichert hinter schweren Eisentoren, eine abgesonderte Abteilung: den Poison Garden. Man muss allerdings sagen, dass die auf den Toren angebrachten Totenköpfe und schwarz-weißen »These plants can kill«-Warnschilder doch etwas überdramatisieren, was vermutlich auch damit zusammenhängt, dass der Giftgarten als pädagogischer Ort der Drogenaufklärung gedacht ist. Um die Spannung noch zusätzlich zu erhöhen, darf man diesen »Todestrakt« nur nach vorheriger Anmeldung und mit einem Führer betreten.

Wie der Alnwick Garden bedienen auch andere botanische Gärten die Klaviatur der Todesangst und erhalten so Resonanz in den Medien. Die irische Presse etwa fragt, ob nicht vielleicht der Giftgarten des Blarney Castle nahe Cork der »gefährlichste Garten der Welt« sei.[III] Auch hier sind die Hinweisschilder in Schwarz-Weiß gehalten und mit Totenköpfen versehen, was dem Ganzen eher die Atmosphäre einer Geisterbahn denn die eines Lehrgartens verleiht. Nicht anfassen! Nicht riechen! Nicht essen! Kinder an die Hand nehmen! Der Tod lauert überall! So aber gehen leider all die nützlichen und heilsamen Eigenschaften dieser Pflanzen hinter der Drohkulisse verloren.

Dabei kann es gerade für Kinder lehrreich sein, einen Giftgarten kennenzulernen. Denn dann sind sie schon früh mit den gefährlichen Pflanzen vertraut und lernen den richtigen Umgang mit ihnen.

Was ich auch nicht recht nachvollziehen kann, ist die Passion vieler Hobbygärtner fürs eher Exotische, wo doch Wertvolles auch in unseren Breiten von Natur aus gedeiht. Insbesondere scheint es hier eine Vorliebe für Chilis zu geben, gerade wenn es sich dabei um Habaneros oder vergleichbare Schärfegrade handelt. Spannend sind sie zweifellos, doch greift die Fokussierung auf die scharfe Würze zu kurz. Denn wie die meisten Pflanzen erzeugen die Chilis ihre Schärfe ja nicht, um uns ein leidlich quälendes Vergnügen zu bereiten, sondern um Fressfeinde abzuwehren.

Dasselbe gilt für den Braunen, Schwarzen und Weißen Senf, die intensiv und herrlich gelb blühend landwirtschaftlich angebaut werden. Auch sie besitzen ihre Schärfe eigentlich als Toxin gegen Insekten. Isothiocyanate heißen diese Gifte, Myrosin oder Sinalbin, das sind stark reizende Glucosinolate. Sie sind im Öl der Körner zu finden, die in gepresster Form zum Speisesenf werden. Sie wirken schweißtreibend und können ein enormes Hitzegefühl auslösen. Die Nase läuft, die Schleimhäute sind gereizt, die Augen tränen. Anders als bei vielen anderen Pflanzen sind diese Vergiftungssymptome jedoch gewollt, Millionen Menschen tun sie sich regelmäßig freiwillig an, essen dazu Bratwurst und zahlen auch noch Geld dafür. Manchmal ist der Mensch doch ein ziemlich giftverliebter Masochist.

Doch urteilen wir nicht zu vorschnell über Ingwer, Chili und Senf. Denn wie segensreich sind etwa Senfpflaster für Rheumatiker! Senfpflaster sind ein uraltes Hausrezept, für das pulverisierte und befeuchtete Senfkörner auf Wickel gestrichen werden, um diese dann auf die betroffenen Körperstellen zu legen. Aber Achtung: Zehn Minuten Einwirkzeit genügen – bei allzu langer Anwendung drohen Verbrennungen. Der Weiße Senf, der sich auch im Kleingarten pudelwohl fühlt, bis zu neunzig Zentimeter hoch wird und von Juni bis in den September hinein blüht, hat sogar noch eine andere arzneilich interessante Wirkung: Sein Verzehr erhöht die Anzahl der weißen Blutkörperchen im Blut.

Weniger scharfe, dafür bittere Stoffe der gleichen Glykosid-Familie finden sich übrigens auch in vertrauteren Gewächsen wie Blumenkohl, Rosenkohl, Brokkoli oder der herrlich blühenden Kapuzinerkresse. Dem Menschen schmeckt es, vielen anderen Fressfeinden jedoch nicht. Eine tödliche Nutzpflanze ist auch der Rhabarber – wenn man die Blätter isst. Da hilft nicht mal vorheriges Kochen.

Schlafmohn

Nicht nur in Afghanistan, sondern auch verwildert und in vielen Schrebergartenanlagen der westlichen Welt lebt, wenn auch illegal, diese wunderbare, weiß, rosa oder blassviolett blühende Mohnart. Die Pflanze wächst gern in engen Kolonien und wird bis zu 1,50 Meter groß. Nach der kurzen Blüte im Hochsommer reifen in jedem Blütenkelch tausende Samen, die sich im Spätsommer vortrefflich aus ihnen herausschütteln lassen, um uns Menschen geröstet als Speisemohn zu dienen. Dabei rühren Sie den Stängel oder die Fruchtkapsel jedoch besser niemals mit einem Messer an, denn sonst kann es geschehen, dass der giftige Milchsaft – das Opium – herausfließt. Im antiken Griechenland sollen Mütter ihn ihren kleinen Kindern in den Brei gemischt haben, damit sie besser schlafen. Selbst Schimpfky erwähnt diese Praxis noch: »Äußerst verwerflich ist es, wenn Kinderwärterinnen ihren unruhigen Pfleglingen Abkochungen von Mohnköpfen zu trinken geben, um sie in Schlaf zu bringen. Die dadurch erzeugte Betäubung stimmt die geistigen Kräfte des Kindes nach und nach sehr herab und kann unter Umständen tödlich wirken.«[112]

Andere Namen

Saatmohn, Papaver somniferum.

Enthaltene Gifte

Die drei hauptsächlich vorkommenden Alkaloide sind Morphin, Codein und Thebain. Im Opium wirken sie kombiniert.

Giftwirkung beim Menschen

Opium wirkt schnell und führt in die sofortige Abhängigkeit. Etwa eine Stunde nach der Einnahme setzt die Wirkung ein: Schwindel, Schlaf, rauschhafte Wonnen. Nach mehrmaliger Zufuhr in immer höheren Dosen erfolgt ein schneller körperlicher Verfall bis hin zum Tod.

Verwendung

Das Morphin wird als Schmerzmittel eingesetzt. Aus Opium werden Rauschgifte wie Heroin hergestellt. In früheren Zeiten wurde Mohn auch angebaut, um daraus Öl zu gewinnen, das spielt aber heute kaum mehr eine Rolle.

Die Stiele enthalten zwar ebenfalls Gift – Oxal- und Apfelsäure –, aber gegart und in Maßen sind sie für Menschen verträglich. Rhabarber wächst seit dem hohen Mittelalter in europäischen Gärten, und schon bald wurde er auch als Heilmittel genutzt. Richtig dosiert wirkt er abführend, falsch dosiert ebenfalls, allerdings mit unangenehmen Spätfolgen: Darmverschluss.

Lupine

Ein weiteres giftiges Gewächs, das allseits bekannt ist, ist die auch Gelbe Narzisse genannte Osterglocke. Sie verlockt zwar nicht gerade zum Verzehr, dennoch birgt ihre Zwiebel eine gewisse Gefahr. Denn werden sie fatalerweise direkt neben Speisezwiebeln gelagert, so kann es passieren, dass sich eine davon unfreiwillig in die Zwiebelsuppe verirrt. Dann sind Übelkeit und Magenkrämpfe praktisch vorprogrammiert, denn in ihr sind Gifte enthalten, die auch in Aronstabgewächsen wie der Dieffenbachie vorkommen. Ambivalent ist ferner die Wirkung der Bohnen und Lupinen – ungekocht sind sie dem menschlichen Körper ein Graus.

Für den Fall, dass Sie noch immer etwas unsicher sind, ob Sie selbst einen Heil- und Giftpflanzengarten anlegen sollen, hilft Ihnen eventuell ein weiterer Aspekt der Vielschichtigkeit der Giftwirkungen Ihrer möglichen zukünftigen Schützlinge. Eine weitere Sphäre geradezu: Dem mittelalterlichen Bewusstsein wäre es völlig fremd gewesen, Gift lediglich körperlich-materiell zu denken. In der alten Medizin gibt es vielmehr eine lange Tradition, die nicht nur auf eine »äußerliche« Heilung, sprich Symptombekämpfung, ausgerichtet war, sondern auch eine »seelische« Heilung anstrebte. Daran zu erinnern, kann in einer so technikeuphorischen Zeit wie der unseren sicherlich nicht schaden.

Aronstab

Nicht nur das Wort »Gift«, sondern auch der übergeordnete Begriff »Arzneimittel« war im europäischen Mittelalter sehr weit gefasst: Die Medizin war Tugendlehre.[113] Gesundheit, meinte Hildegard von Bingen, setze das Bemühen um und die Liebe zur Gerechtigkeit sowie die Beherrschung von Leidenschaften und Selbstsucht voraus. In diesem Sinne muss man quasi »giftig« sein gegenüber der Falschheit der Welt, gegenüber den Eitelkeiten und der ganzen blöden Dummheit und Undankbarkeit, um wirklich gesund zu bleiben. Man muss sich also auch innerlich wappnen.

Für den heutigen Gärtner folgt daraus: Keine Angst vor den pflanzlichen Giften! Sie sind Stoffe des gesunden Widerstands. Es wäre allerdings ein materialistischer Fehlschluss, diesbezüglich auf obskure, homöopathische Giftkraut-Tees zu setzen. Sie erlangen den Widerstand, indem Sie das Wort »nein« einüben.

Die Naturbetrachtung hilft Ihnen dabei, indem Sie die Giftpflanzenwelt für ihr inhärentes Nein bewundern. Lassen Sie sich im Schneidersitz am Rande des Pflanzenbeetes nieder. Betrachten Sie das Schöllkraut. Gedenken Sie seiner galligen Säfte. Streicheln Sie die zarten Blätter des Maiglöckchens mit Ihren Zehen. Schwanken Sie mit dem Oberkörper langsam vor und zurück. Sagen Sie sich »nein«, »nein«, »nein« und spüren Sie die Einheit mit der Unendlichkeit, die das »Ja« ist und das »Nein« wertschätzt.

Eine rein praktische Frage, die sich an die vorangegangenen Überlegungen anschließt, ist, wo man sich die Samen überhaupt besorgt.

Fingerhut

Dieses Wegerichgewächs ist eine häufige Zierpflanze in Bauerngärten. Der etwa ein Meter große, zitronengelb blühende Gelbe Fingerhut kommt bevorzugt in Südwestdeutschland vor, aber auch in anderen Teilen West- und Mitteleuropas, der Rote Fingerhut mit seinen inwendig leicht behaarten, nach unten geöffneten Glockenblüten wird deutlich größer – bis zu zwei Meter – und kommt auf den kalkigen Böden Süddeutschlands nicht vor, er bevorzugt Kahlschläge und Lichtungen und ist von Thüringen bis zur Magdeburger Börde oder in Südwesteuropa beheimatet. Die beiden und auch andere Arten enthalten hoch wirksame Giftstoffe in relativ hoher Dosis.

Im Gegensatz zum Roten Fingerhut, der seine giftführenden Blüten erst im zweiten Jahr ausbildet und danach abstirbt, ist der Wollige Fingerhut mehrjährig. Er ist vor allem in Nordafrika und im östlichen und südlichen Europa anzutreffen und enthält sogar noch eine vielfach höhere Konzentration der von der Medizin begehrten Toxika. Dies ist allen voran Digitalin, ein Glykosid, das als Herzarznei Anwendung findet, seitdem der britische Arzt und Botaniker William Withering im Jahr 1785 die positiven Ergebnisse seiner zehnjährigen Behandlungsexperimente veröffentlichte.

Fingerhutblüten haben einen stark bitteren Geschmack, weshalb Kinder oder Unkundige selten davon essen und nur wenige Vergiftungsfälle bekannt sind. »Glücklicherweise hat der Schöpfer in die Pflanze ekelhaften Geschmack gelegt«, meint auch Schimpfky.[114] Von einem Fall von Überdosierung weiß Schimpfky hingegen zu berichten: In London habe ein »Quacksalber einem jungen Mann 6 Unzen einer konzentrierten Abkochung von Fingerhutblättern verordnet«. Das war dann definitiv zu viel des Guten, und er erlitt Erbrechen, »Schlafsucht und heftige Leibschmerzen; die Pupillen erweiterten sich und waren gegen Licht unempfindlich; der Puls wurde immer kleiner, langsamer und unregelmäßiger, schließlich stellten sich heftige Krämpfe und nach 22 Stunden der Tod ein«. In den meisten Vergiftungsfällen ist jedoch die Ungeduld der Patienten das Problem. Sie wollen schnellstmöglich gesunden und steigern daher eigenmächtig die Dosis, wodurch sie die heilsame Arznei in ein tödliches Gift verwandeln.

Andere Namen

Digitalis lutea (gelb), Digitalis purpurea (rot), Digitalis lanata (wollig).

Enthaltene Gifte

Purpureaglykoside A und B, Digitalin und Gitaloxin in Blättern wie Blüten.

Giftwirkung beim Menschen

Digitalis-Präparate sind wirksam gegen Herzinsuffizienz: Der arterielle Blutdruck steigt, der venöse Blutdruck sinkt, die Herzmuskelkontraktion verstärkt sich, wodurch es zu Wasserausschwemmungen aus Ödemen kommt. Der Konsum von zwei bis drei Blättern kann tödlich enden.

Verwendung

Seit dem 18. Jahrhundert wird der Fingerhut als Herzarznei eingesetzt, heutzutage oft auch chemisch synthetisiert. Zuvor wurde er in der Volksmedizin bei Kopfschmerz, Epilepsie oder Tuberkulose verwendet.

Maiglöckchen

Das Maiglöckchen ist nicht gerade ein botanischer Geheimtipp. Kaum ein Garten, in dem es nicht wächst, kaum ein Mensch, der es nicht kennt, häufig anzutreffen auch beim gewöhnlichsten Waldspaziergang. Seine weißen Blüten erscheinen schon im April und haben dann wenig Konkurrenz. Blüten und Samen sind allerdings besonders giftig, weniger sind dies die Beeren, die orangerot leuchten. Im Sommer werden sie von Amseln und Drosseln, die damit keine Probleme haben, gefressen, die bösen Samen scheiden sie anderswo wieder aus und sorgen so für die Verbreitung des Giftpflänzleins.

Andere Namen

Convallaria majalis.

Enthaltene Gifte

Zahlreiche Steroid-Glykoside, auch Saponin.

Giftwirkung beim Menschen

Schlimmstenfalls nervöse Zuckungen und Herzstillstand.

Verwendung

Präparate aus dem Maiglöckchen werden eingesetzt, um leichte Herzschäden mit Ödembildung zu behandeln oder Digitalis-Präparate zu ersetzen, wenn deren kumulative Giftwirkung verhindert werden soll. Und neuerdings wird ein Extrakt des giftigen Maiglöckchens in der Demenztherapie eingesetzt – gegen das Vergessen.

Pfaffenhütchen

Sechs Meter hoch kann das Pfaffenhütchen werden, es ist also fast schon ein richtiger Baum, schließlich zählt es ja auch zu den Spindelbaumgewächsen. Es hat feuchte Lehmböden gern und kommt von Süd- und Mitteleuropa bis zum Kaukasus vor. Wenn es blüht, trägt es gift-gelbgrüne Dolden. Die Früchte wachsen im Herbst, und zwar von allerschönstem Orange, umschlossen von einer rosafarbenen Blütenkapsel. Wer möchte da nicht zubeißen?

Die Pfaffenhütchen-Gespinstmotte ist auf diesen »Giftbaum« angewiesen, aber er nicht auf sie: wiederkehrender starker Befall der Raupe im Frühjahr kann ihn lebensbedrohlich schwächen.

Andere Namen

Gewöhnlicher Spindelstrauch, Spillbaum, Euonymus europaeus.

Enthaltene Gifte

Verschiedene Digitaloide.

Giftwirkung beim Menschen

Erst nach vielen Stunden, manchmal erst am Folgetag des Genusses, kommt heftiger Durchfall auf, auch Fieber, Krämpfe, Atemnot. Die meisten überleben, aber Leber und Nieren sind manchmal dauerhaft geschädigt. Um daran zu sterben, müsste ein Mensch allerdings Dutzende Früchte essen.

Verwendung

In der vor-chemischen Zeit wurden gemahlene Samen als Insektenschutzmittel in der Landwirtschaft eingesetzt.

Maiglöckchen

Wo findet man verlässlichen Rat? Samen-Tauschbörsen und Börsen der Vereine für Saatgut- und Nutzpflanzenvielfalt sind eine digitale Möglichkeit. Wildsammlungen eine andere. Die dritte ist, einer Samenhandlung einen Besuch abzustatten.

Ich gehe zu Samen Andreas, einer seit mehr als 150 Jahren bestehenden Samenhandlung in der Frankfurter Altstadt und einer der letzten. Das macht sie weit über die Stadt hinaus bedeutsam. Nils Andreas, der Inhaber, legt Wert auf ein vollständiges Sortiment. Er bietet also auch einige Giftpflanzensamen an, obwohl die Nachfrage nach Paprika- oder Maissaatgut bedeutend größer ist. Ich kaufe sieben verschiedene Giftsamenpäckchen – alle, die es hier gibt:

1. Wunderbaum: Davon sind sogar mehrere Sorten im Angebot, die hellgrüne gilt als schöne Schmuckpflanze. Im Februar ins Frühbeet, im Mai ins Freiland, blüht von August bis Oktober und muss regelmäßig gedüngt werden. Leider ist der Wunderbaum nur einjährig und die Packung enthält gerade einmal fünf Samenkörner. Aber er wird ja riesig, schon fünf Pflanzen füllen ein ganzes Gartenbeet.

2. Bergschnee: Diese einjährige Wolfsmilch ist eine Sommerblume mit weiß geränderten Deckblättern. Im März ins Frühbeet, ab Mai nach draußen. Die Blütezeit entspricht der des Wunderbaums, der Tod folgt mit dem ersten Frost. Dreißig Samen je Packung.

3. Riesen-Fingerhut: Aussaat im Juni, die Blüte erfolgt ein Jahr später. Als Schnittblume ist er schön und haltbar, und was man mit seinen Blättlein anstellen kann, wissen Sie ja bereits.

4. Christrose: Dieser mehrjährige Hahnenfuß passt wunderbar in die eher steinigen Bereiche Ihres Giftgartens. Die Samen müssen zunächst quellen, im Winter dann ins Saattöpfchen. Eine Woche kalt stellen. Danach keimt sie bei fünfzehn Grad im Zimmer und kommt erst im Juni an einen Schattenplatz im Freien. Noch im Winter desselben Jahres setzt die erste weiße Blüte ein. Ja, im Winter. Das macht sie so besonders. Eine Samenpackung kann Ihnen bis zu dreißig Pflanzen einbringen.

5. Adonisröschen: Das kleine Pflänzchen ähnelt dem Klatschmohn; rote Blüte, maximal kniehoch. Das Adonisröschen ist recht pflegeleicht, schon im März gesät, blüht es den gesamten Sommer über. Eine Samenpackung birgt das Potenzial von bis zu hundert Pflanzen.

6. Blauer Eisenhut: Nur zum Bestaunen gedacht, nicht zum Schneiden. Von Januar bis Juni ins Frühbeet, die Blüte folgt im zweiten Jahr, allerdings nur von Juni bis Juli. Selbst sein hoher Giftgehalt schützt ihn nicht vor dem zweiten Winter, aber da hat er ja bereits seine eigenen Samen verteilt.

7. Echter Rauchtabak: Das ist natürlich Geschmackssache, für mich aber ist es ein lang gehegter Traum – eigenen Tabak anzubauen und die Blätter zu rauchen. In der Abendsonne und in der eigenen Tabakplantage. Aber niemals mehr als eine täglich.

Tabak

Wunderbaum

Warum heißt er, wie er heißt? Weil er unglaublich schnell wächst und seine Öle nicht nur töten, sondern auch medizinisch genutzt werden können. Er machte den umgekehrten Weg wie der Maniok: Ursprünglich aus Afrika stammend, ist das Wolfsmilchgewächs in Europa vorwiegend als Gartenzierpflanze heimisch geworden, in Brasilien oder Indien wird es hingegen auch landwirtschaftlich angebaut, um aus den Samen Rizinusöl zu gewinnen.

Die Blütenfarben des Wunderbaums hängen vom Geschlecht der Blüten ab: rot sind die Weibchen, gelb die Männchen. Markant ist aber vor allem die stachelige Fruchtkapsel, die viele der kleinen Öl-Saaten enthält. Er wird bis zu vier Meter hoch, mit Blättern, die ein Viertel so groß werden können. Wegen der Größe der Blätter, ihrer Ähnlichkeit mit einer Hand mit ausgestreckten Fingern und der heilenden Wirkung des Öls wird der Baum auch Christuspalme genannt. Zu dieser Assoziation trug bei, dass die roten Pflanzenadern der Blätter phantasievolle Gläubige an die Wundmale des Erlösers erinnerten.

Andere Namen

Rizinus, Christuspalme, Ricinus communis.

Enthaltene Gifte

Das Toxalbumin Rizin (nur in den Samen) und Ricinin, ein fast gleichnamiges Alkaloid.

Giftwirkung beim Menschen

Schwindel, Krämpfe, Kreislaufkollaps, Nieren- und Leberschädigungen, Magen-Darm-Beschwerden, wobei die Symptome auch erst nach drei Tagen auftreten können. Rizin ist für den Menschen ab einer Dosis von einem Milligramm tödlich. Die sind schon in acht bis zehn Samen enthalten.

Verwendung

Das gelbe Öl wirkt abführend. In der Industrie wird es als Grundstoff für Salben, Medikamente, Schmierstoffe und Lacke verwendet. Abfallstoffe aus den Ölfabriken finden als Stickstoffdünger oder (verarbeitet) als Tierfutter Verwendung.

Lupine

Mögen Sie portugiesische oder spanische Tapas? Die Samen der Weißen Lupine gehören zum Standardinventar dieser Küche. Sie sind dick und fleischig, quietschend beim Biss, geschmacklos, gelb-beige von der Farbe. Sie müssen zunächst mehrere Stunden gewässert werden, erst dann sind sie essbar. Denn der Biss in die rohe Bohne des Schmetterlingsblütlers kann schnell Schwindel und Schwächeanfälle auslösen, überlassen Sie die Zubereitung also lieber einem Spezialisten.

Andere Namen

Wolfsbohne, Lupinus luteus (Gelbe Lupine), Lupinus albus (Weiße Lupine).

Enthaltene Gifte

Cystin und viele weitere sogenannte Lupinenalkaloide.

Giftwirkung beim Menschen

Die bittere Ausprägung (denn es gibt auch eine Süßlupine) führt nach dem Verzehr der Blüten, Blätter oder Bohnen zu Zittern, Taumeln, Krämpfen, oder sogar zum Tod.

Verwendung

Die Lupine findet nicht nur in der Kulinarik Anklang (Tapas, Brotaufstriche, Tofu-Ersatz, koffeinfreier Kaffee), sondern ist auch für die Landwirtschaft von Interesse: Als Zwischenfrucht lockert sie die Böden und reichert sie mit Stickstoff an. Bitterlupinen eignen sich als Gründünger, die Süßlupinen sogar als eiweißhaltiges Tierfutter, etwa bei der Schweinemast.

Gartenbohne

Der Auftritt der Gartenbohne mag in einem Giftpflanzenbuch etwas überraschen, doch anders als bei der grünen Tomate sind bei vielen Speisebohnen selbst die reifen Früchte in rohem Zustand giftig. In der Großfamilie der Hülsenfrüchtler kann es sogar tödlich zugehen: Yopo aus Südamerika, die traditionell für rituelle Berauschungen verwendeten Meskalbohnen aus Mexiko, die tropische Paternostererbse und die auch bei uns vorkommende Saat-Platterbse haben es ziemlich in sich.

Doch auch an unseren Speisebohnen lässt sich der Magen trefflich verstimmen. Das meinen die Bohnen natürlich nicht böse, sie schützen sich mit ihren Lektinen schlicht vor Pilzbefall. Daher sollte man Gartenbohnen mindestens fünfzehn Minuten lang kochen, ehe man sie serviert. Sonst schreitet ihr Phasin zur Tat, und zwar heftig. Schon wenige Samen genügen bei Kindern, einige mehr bei Erwachsenen, und Erbrechen oder sogar Schockreaktionen sind die Folge.

Für die Böden unseres Planeten sind die Hülsenfrüchtler dagegen heilsam, denn sie geben ihnen den Stickstoff zurück, den Pflanzen üblicherweise als Nährstoff abziehen. Wobei sie das nicht direkt selbst tun, es ist vielmehr einer Symbiose zu verdanken, die ihre Wurzeln mit Knöllchenbakterien eingehen.

Andere Namen

Grüne Bohne, Stangenbohne, Phaseolus vulgaris.

Enthaltene Gifte

Phasin, Lektin. Das Lektin Phytohämagglutinin ist eines der wenigen sogenannten giftigen Pflanzenproteine. Durch langes Kochen werden sie unschädlich.

Giftwirkung beim Menschen

Krämpfe, Zuckungen, Erbrechen. Auch die »Tönchen« der Böhnchen haben ihre Ursache im Wirken der Lektine. Sie binden sich an Darmbakterien und töten diese, wodurch sich Gase bilden.

Verwendung

In der Küche.

Echter Rauchtabak

Hohe Erträge bringt er, verspricht die Rückseite der Saatgut-Packung. Groß seien die Blätter, attraktiv der Duft und die Blütenpracht. »Tabak selber zu ziehen macht Spaß und spart zudem Geld, denn bis zu 99 Pflanzen darf man im Eigenanbau steuerfrei anbauen, abernten und verwerten«, steht dort. Bis zu zwei Meter wird er hoch. Ab August kann man die Blätter von unten nach oben abrupfen, die hellgelben eignen sich für die Zigarettenherstellung. Zur Trocknung an einer Leine auffädeln, an einem warmen Schattenplatz. Anschließend übereinanderlegen und in einem dicken Buch pressen. Nun bilden sich die Aromen heraus. Doch Vorsicht: Vollzieht sich dieser Fermentationsprozess nicht, raucht man Gifte!

Das Nachtschattengewächs ist mit der Tollkirsche, Tomate und Kartoffel verwandt; in seinem Fall ist das wirksame Alkaloid bekanntermaßen Nikotin. Damit schützt sich die Tabakpflanze vor Insektenfraß. Daher wird es auch als Insektizid verwendet. Einige chemisch synthetisierte Nikotinoide sind allerdings von der EU mittlerweile verboten worden, da sie den Orientierungssinn von Bienen verwirren.

In Europa wird Tabak seit dem Import aus der »Neuen Welt« im 16. Jahrhundert genutzt, zuvor allerdings auch schon von indigenen Amerikanern und australischen Aborigines. Verwendet wurde sie von ihnen als zeremonielle Pflanze bei der Anbetung der Naturgeister und -götter. In Mittelamerika soll sie bereits Hunderte Jahre vor der Zeitenwende kultiviert worden sein. Alltäglich war der Tabakkonsum jedoch lange nicht, erst infolge der Industrialisierung des Tabakanbaus und der Zigarettenproduktion wurde das Rauchen erschwinglich.

Der Tabak mag sandige, humose Böden und Sonne. Er blüht von Juli bis September. Das wirksame Nikotin bildet die Pflanze in ihren

Wurzeln aus. Die Blätter enthalten den höchsten Anteil: zwischen 0,5 und 9 Prozent. Der Raucher nimmt davon ein Drittel bis fast neunzig Prozent auf. Und natürlich muss gewarnt werden: Rauchen kann tödlich sein!

Andere Namen

Nicotiana tabacum.

Enthaltene Gifte

Sogenannte Pyridinalkaloide, vor allem das berühmt-berüchtigte Nikotin, aber auch Mysomin, Anabasin, Anatabin. Die für Menschen tödliche Dosis wird mit einem Milligramm je Kilogramm Körpergewicht angegeben.

Giftwirkung beim Menschen

Starke Raucher können – jenseits der Teer-Ablagerungen in den Lungenkapilaren – neben Lungenkrebs unter anderem Herz-Kreislauf-Schäden und Arteriosklerose davontragen. Toxischer als der inhalierte Rauch ist der oben aus der Zigarette ausströmende. Das macht das Passivrauchen so gefährlich. Das Büchlein von Pečírka kennt zudem Fälle, bei denen Tabak als Arzneimittel verwendet wurde – mit tödlichem Ausgang: »Ein Knabe, dem man Tabaksaft auf ein Grindgeschwür auf dem Kopfe gestrichen hat, starb nach drei Tagen.«[115] Oder: »Eine Frau starb 15 Minuten nach einem Elyxier, welches aus einem Aufguss von 2 Loth Tabak bestand.«[116] Oder: »Einige alte Weiber riethen einer Freundin das Auflegen von angefeuchteten Tabakblättern auf Wunden. Zuerst wirkten sie heilsam, später jedoch bildeten sich Geschwülste auf den Oberschenkeln, es traten Brustbeklemmungen und Erstickungsanfälle ein. Es erschien Würgen, Erbrechen, ungewöhnlich langsamer Puls, Schluchzen, kalter und klebriger Schweiß, Kälte der Gliedmaßen, außerordentliches Darniederliegen der Kräfte. Nachdem man die Tabakblätter hinweggenommen und der Kranken ein Glas Wein gegeben hatte, verschwanden alle diese beunruhigenden Erscheinungen wie durch Zauber in einigen Stunden.« Und schließlich kündet auch diese Anekdote von der hoffnungsvollen Unbedarftheit, mit der – in gewiss großer Verzweiflung – alte Hausmittel zur Anwendung kamen: »Ein 37jähriger kräftiger Bauer legte sich gegen lang dauernden Rheumatismus der Beine mit Honig bestrichene Tabakblätter von den Zehen bis an die Hüften um. Nachts traten Übelkeiten, Erbrechen, Kopfschmerzen, Herzklopfen, Gliederzittern und Schwindel ein. Er bekam kalte Umschläge auf den Kopf und schwarzen Kaffee, genas zwar von diesen Zuständen in 8 Tagen, nicht aber vom Rheumatismus.«[117]

Verwendung

In Form von Nikotinpflastern, Kautabak, Zigaretten oder Zigarren ist Tabak ein Genuss- und Rauschmittel. Früher wurde er auch zur Parasitenbekämpfung verwendet.

Gifthoffnung

Gifthoffnung

Nachdem Sie nun erfahren haben, wie die Giftgewächse im Laufe der Geschichte vom Menschen genutzt, gefürchtet, dämonisiert und missbraucht wurden, um im 20. Jahrhundert durch die Petrochemie, die ihre Arzneiwirkstoffe künstlich nachbilden kann, weitgehend überflüssig und vergessen zu werden, bleibt am Ende dieser kleinen Giftpflanzenkunde nur noch die Frage nach der Zukunft.

Zwar ist die »Geschichte der Prognosen [...] eine Geschichte ihres Nichteintretens«, wie der Historiker Uwe Spiekermann sagt.[118] Dennoch wollen wir zumindest potenzielle Entwicklungen in den Blick nehmen. Meines Erachtens gibt es zwei Szenarien, die im Lichte der Gegenwart wahrscheinlich sind: Erstens, der Anbau von Giftpflanzen nimmt wieder stark zu, weil immer mehr Stoffe regenerativ produziert werden müssen, also auch Pharmazeutika, Pestizide, Harze und Öle.

Zweitens, der Anbau nimmt nicht so stark zu, oder sogar ab, weil man Wirkstoffe wie die Tropanalkaloide zwar nicht mehr chemisch synthetisieren, sie aber auf anderem Wege weiterhin künstlich herstellen wird. Und zwar durch die Biochemie: etwa in industriellen Bioreaktoren mit genveränderten Hefe- oder Bakterienstämmen. Ein Beispiel dafür ist der begehrte Tumorwirkstoff Taxol der Eibe. Der kann schon heute von genveränderten Bakterien produziert werden, ohne dass man die Rinde des Baumes anrühren muss.[119]

Man könnte nun auch abstrakt und akademisch nach der Zukunft fragen: »Bioökonomie oder Synthetische Biologie?« Aber das Entweder-oder ist wohl verkehrt. Denn

> *Pflanzenbasierte Bioökonomie bedeutet heutzutage nicht nur, zu fossilbasierten Ressourcen biologische Alternativen aus pflanzlichen Rohstoffen oder aus Bestandteilen, die von der pflanzlichen Wertschöpfungskette abgeleitet werden, zu finden. Pflanzenbasierte Bioökonomie bedeutet auch, sich an Stoffkreisläufen aus der Natur zu orientieren […] und in allen wirtschaftlichen sowie gesellschaftlichen Bereichen nachzuahmen und zu erhalten.*[120]

Dieses Projekt ist so groß, dass beide Pfade dazugehören: Die Bioreaktoren, die Taxol produzieren, und die Eibe, die dasselbe auf ihre uralte Weise tut.

Was würde es für die Giftpflanzen bedeuten, wenn der Entwicklungspfad Bioökonomie maßgeblich wird, wenn also fossile durch nachwachsende Rohstoffe ersetzt werden? Ihre Zukunft könnte dann eine strahlendere sein, als es der Blick in die Vergangenheit und der in unsere heutigen Gärten nahelegt. Sie könnten wieder, wenn auch anders als zuvor, eine wichtige Rolle als Nutzpflanzen spielen.

Bioökonomie hat dabei wenig mit ökologischer Landwirtschaft zu tun, sondern vor allem mit der Idee, dass das »goldene Zeitalter« der fossilen Rohstoffe bald zu Ende geht. Diese brachten mehr Menschen als je zuvor ungekannten Wohlstand, machten Bau-, Kraft- und Nährstoffe weithin verfügbar und günstig, haben aber ein bedrohliches Abfall- und Emissionsproblem als Kehrseite. Dieses Zeitalter ist befristet. Und durch den immer spürbarer werdenden menschengemachten Klimawandel rückt die Notwendigkeit einer raschen Abkehr von den fossilen Energieträgern nun immer stärker ins öffentliche Bewusstsein und damit auch auf die politische Agenda.

Aber nach wie vor stammt der Großteil der verbrauchten Energie aus fossilen Ressourcen, und das wird sich global gesehen nicht so schnell ändern. Es betrifft nicht nur das Reisen oder das Bauen, sondern auch die Ernährung der knapp acht Milliarden Menschen. Diese basiert vielfach auf mineralischen Düngern. Und auch auf Stickstoff, der unter großem Energieaufwand hergestellt wird. Das ist Energie, die derzeit weit überwiegend aus Erdgas gewonnen wird. Gäbe es keine Fortschritte in der Materialwissenschaft, in der Pflanzenzucht, in der Agronomie und in der Art und Weise, wie wir mit Abfällen umgehen, sie vermeiden und wiederverwerten, bedeutete das, dass nach der fossilen Epoche eine Rückkehr in die frühere Zeit des Mangels anstünde, wie sie in Großteilen der Menschheitsgeschichte die Regel war und auch heute in den am wenigsten entwickelten Regionen der Erde zu beobachten ist. Der Umwelthistoriker Rolf Peter Sieferle nannte diese womöglich wiederkehrende Ära des Mangels ein »Solarenergiesystem«.[121] Diesen Rückfall möchte die Bioökonomie verhindern, oder zumindest die Härte des Aufpralls mindern.

Die Bioökonomie gründet in der Hoffnung sowohl auf den technischen Fortschritt als auch auf klügere politische Rahmengebung und gesellschaftlichen Wandel. Die Wiederverwertung von Rohstoffen ist dabei ein wichtiger Baustein. All die fossilen Energien, die die Menschheit in den vergangenen hundertfünfzig Jahren genutzt hat, sind ja nicht spurlos verschwunden. In der Luft steckt Kohlenstoffdioxid (Verbrennung fossiler Energieträger) – auf der einen Seite eine Art Gift, auf der anderen jedoch auch eine existenzielle Triebfeder der pflanzlichen Fotosynthese. In Büchern des frühen 20. Jahrhunderts wurde es nicht als Problem beschrieben, sondern als wertvoller Nährstoff.[122] Plastik (Verarbeitung fossiler Rohstoffe), Zement (energieintensive Herstellung) und Stickstoff (Dünger, der sich über Flüsse und Kanäle in umgewandelter Form in den Meeren wiederfindet) können mit entsprechenden technischen Entwicklungen wiederverwendet werden. Holz und andere biogene Baustoffe können haltbarer hergestellt und am Ende der Nutzungszeit in anderer Form wiederverwertet werden. Darüber hinaus könnten völlig neue Materialien beispielsweise aus Gräsern und Schilf, Bambus und Pappeln entwickelt werden. Die pharmazeutische und die chemische Industrie stellen Medikamente und Salben, Cremes und Duschbäder, Klebstoffe und Harze, Dämm- und Schmierstoffe her – und für all das stellt die Natur zahlreiche regenerative Quellen bereit. Daher wird jede Pflanze auf ihren Nutzwert in all diesen Feldern abgeklopft werden. Die Seifenstoffe des Efeus kommen hierfür ebenso infrage wie die Frostschutzmittel mancher Gräser oder die insektiziden Wirkstoffe vieler anderer Pflanzen. Am Ende wird eine erfolgreiche Abkehr von den fossilen Energieträgern weniger eine Frage der technischen Umsetzbarkeit sein, als vielmehr der Preise und gesetzlichen Regelungen, und damit auch eine der Politik.

Nun ist dies aber ein Buch über Giftpflanzen – und tatsächlich könnte diesen zukünftig eine wichtige Rolle zufallen. Insbesondere ihre sekundären, also nicht lebensnotwendigen Pflanzenstoffe, die Polyphenole, sind hier von Interesse – die sogenannten bioaktiven Substanzen, die für Gerüche, Farben oder Geschmäcker verantwortlich sind, etwa Gerb- und Bitterstoffe. Dasselbe gilt für die giftigen Terpene, Steroide oder Alkaloide.

In einer bioökonomisch organisierten Wirtschaft dürften die Polyphenole eine entscheidende Position in der Produktionskette von Lebensmitteln und Aromen darstellen, die »giftigen« Stoffe in der Kunststoff- und Klebstofferzeugung sowie im Energie- und Kraftstoffsektor. Für Letzteren kann das Rizinusöl als möglicher Kandidat gelten, denn es kann zu Biodiesel verarbeitet werden. Zudem können aus Rizinusöl industrielle Schmierstoffe, Wachse, Kunststoffbeschichtungen sowie Bindemittel für Lacke und Farben gewonnen werden.

Pflanzen stecken voller Pestizide. So gesehen ist jede Wildpflanze eine Giftpflanze. Zehntausende pflanzeneigene Pestizide sind bereits identifiziert worden: Pflanzen schütten große Mengen solcher

Stoffe aus, insbesondere nach Befall von Pilzen oder Bakterien oder nach Attacken von Fressfeinden. Berechnungen haben ergeben, dass 99,99 Prozent der von Bürgern der Vereinigten Staaten verzehrten Pestizide pflanzlichen Ursprungs sind und pro Person und Tag rund 1,5 Gramm davon aufgenommen werden.[123] Naturgifte sind wichtig für den Pflanzenschutz. Ein Beispiel für verblüffende pflanzliche Abwehrstrategien sind Chrysanthemen, aus denen das Insektizid Pyrethrum gewonnen wird, weitere sind die Dalmatische Insektenblume, der Niembaum oder die Orange, deren Öl ein effektives Insektizid ist. Das wirkt grausam, indem es die Panzer der Insekten zersetzt und die Tiere austrocknen lässt. Es ist im Biolandbau zugelassen.

Angesichts der großen Aufgabe der Bioökonomie liegt es natürlich auf der Hand, dass die Giftpflanzen gerade in der Pharmazie wieder verstärkt in den Blick geraten müssen. In einer Studie schätzt der Weltnachhaltigkeitsrat der Wirtschaft das weltweite Marktvolumen für Biopharmazie bis 2030 auf siebenhundertfünfzig Milliarden Dollar jährlich, was im Vergleich zu 2018 eine Verdreifachung darstellte. In der Studie heißt es dazu: »In den vergangenen Jahren hat die Pharmaforschung neue, innovative Wirkstoffe gefunden, etwa aus der Tabakpflanze gegen HIV oder Karottenwirkstoffe gegen Stoffwechsel-Krankheiten.«[124] Dabei beruhen Erkenntnisse wie diese nur zum Teil auf neuen Entdeckungen, beispielsweise in der Biotechnologie (das Taxol der Eibe als Krebs-, Artemisinin aus dem Beifuß als Malariamittel). Vieles ist dagegen schon sehr lange bekannt, wurde jedoch vergessen oder ignoriert.

Gegenwärtig spielt der Anbau von Giftpflanzen in der Landwirtschaft Europas und Nordamerikas noch eine winzige Nebenrolle. In ganz Deutschland ernten Landwirte von nur zwölftausend Hektar Arznei- und Färbepflanzen. Das ist sogar viel weniger, als schon heute von der Industrie als pflanzlicher Rohstoff benötigt wird – vom wichtigen Beitrag einer Ausweitung der Anbaufläche für die

Artenvielfalt ganz zu schweigen. Nur fünfzehn Prozent des Bedarfs der pharmazeutischen, der kosmetischen und der Nahrungsergänzungsmittelindustrie können aus heimischem Anbau gedeckt werden, hat die Fachagentur Nachwachsende Rohstoffe berechnet.[125] Hinzu kommt, dass nur ein Bruchteil dieser zwölftausend Hektar mit Giftpflanzen bestückt ist. Den Großteil machen ungiftige Arzneipflanzen wie Kamille, Pfefferminze, Sanddorn, Fenchel, Johanniskraut oder Disteln aus. Giftig ist hier insbesondere der Wollige Fingerhut. Einzelne Kleinlandwirte leben auch vom Tollkirschenanbau. Die Belladonna-Ernte geht vor allem an die Hersteller homöopathischer Präparate, in der großen Industrie findet sie dagegen keine Verwendung.

Die meisten Arznei- und Giftpflanzen, die gegenwärtig verarbeitet werden, stammen weiterhin nicht aus der Landwirtschaft, sondern aus Wildsammlungen in Osteuropa, etwa aus Albanien, Bulgarien, Rumänien und Polen, oder aber aus China und Indien.[126] Diese Importware ist in der Regel deutlich günstiger als Giftpflanzen aus heimischem Anbau. In Deutschland erteilen die Behörden nur vereinzelt Genehmigungen für kommerzielle Wildpflanzensammlungen, die meisten noch in Bayern und Baden-Württemberg. Viele davon konzentrieren sich auf die Pestwurz – eine Giftpflanze, deren von den riskanten Pyrrolizidinalkaloiden befreiten Extrakte ihre Wirkung in Asthma- oder Migränemitteln entfalten. Auf diesem Feld könnte das Potenzial des gartenwirtschaftlichen Giftpflanzenanbaus in Zukunft erheblich wachsen.

Ein Grund hingegen, warum die Bedeutung natürlicher Giftpflanzen-Vorkommen auch in Zukunft nicht sonderlich größer werden könnte, ist, dass sich die Grenzen des agronomisch Denk- und Machbaren durch Präzisionsgentechniken wie CRISPR/Cas stark verschieben. Denn hier müssen die Inhaltsstoffe nicht vom Feld kommen, sondern können in modern beleuchteten Gewächshäusern herangezogen werden.

Dalmatische Insektenblume

Diese Spezies aus der Gattung der Wucherblumen, die arglos aussieht wie ein Gänseblümchen oder eine Margerite, tut ihre Wirkung nicht bedingungslos. Kühl müssen die Nächte sein, damit sie Blüten ausbildet, jedenfalls mediterran frühlingskühl. Dann erst blüht und duftet sie im Sommer stark. In Kroatien, Albanien oder Griechenland, in Teilen Japans und sogar in subtropischen Hochlagen etwa von Ecuador oder Tansania verdienen Bauern damit ihr Geld. Dem Boden tut das gut, die Pflanze ist mehrjährig, die Ernte hoch: eine Tonne Trocken-Blütenmasse pro Hektar. Und was wird daraus gewonnen? Pyrethrin-Extrakt. Als Kontaktgift tötet es Blattläuse und viele Fluginsekten, für Wirbeltiere gilt es als unschädlich.[127] Das macht es als biogenes Insektizid interessant.

Andere Namen

Insektenpulverpflanze, Tanacetum cinerariifolium.

Enthaltene Gifte

Zwei chemisch verschiedene Pyrthine und zwei Cinerine enthalten die Sekrete der Blüten.

Giftwirkung beim Menschen

Die enthaltenen Gifte zersetzen sich unter Einwirkung von Tageslicht schnell, das macht die landwirtschaftliche Anwendung für Menschen in der Regel wenig riskant.

Verwendung

Die Wirkung des Extrakts war angeblich schon den Römern bekannt. Sie nannten das nicht nur aus der Dalmatischen, sondern auch aus der verwandten Persischen Insektenblume gewonnene Gift »persisches Insektenpulver« und sollen es unter anderem als Flohbekämpfungsmittel verwendet haben. Als solches kommt es auch heute noch zum Einsatz – ebenso gegen Mücken, Ameisen oder Läuse.[128]

Niembaum

Der vorwiegend in Indien, aber auch in Australien und subtropischen bis tropischen Regionen anderer Staaten wachsende Niembaum ist der Traumbaum einer petrochemie-freien Landwirtschaft. Seine »Fähigkeit, Insekten abzuwehren«, wurde in der Zeitschrift Science schon 1992 in höchsten Tönen gelobt.[129] Und da seinerzeit indische Weisheiten auf dem Markt der Erleuchtungen besonders gefragt waren, fügte es sich ins Bild, dass indische Kulturen das Mahagonigewächs seit langen Zeiten aus unterschiedlichen Gründen als göttliches Geschenk erachteten.[130] Gemeint ist insbesondere die Göttin Shitala.[131] Shitala bietet Schutz vor Feinden und Getreideschädlingen, ist aber typisch indisch – und typisch giftig: sehr doppelgesichtig. Denn sie bringt Krankheiten wie die Pocken, kann aber auch davon heilen.

Die Vorteile des Niembaums im Einzelnen: Er wächst schnell wie Unkraut; mehr als einhundert Studien belegen die Wirksamkeit seines Extrakts gegen allerhand ernteschädliche Insekten oder auch gegen Moskitos[132]; das ein wenig wie Knoblauch riechende, tiefgelbe Niemöl enthält über einhundert wirksame Inhaltsstoffe, auch entzündungshemmende. Landwirte und Landschaftsgärtner kultivieren den Niembaum also aus guten Gründen. Darüber hinaus können auch ärmere indische Subsistenzbauern aus Wasser und Niem-Samenschrot ein erschwingliches Bio-Pestizid herstellen.

Andere Namen

Niem, Margosa, Azadirachta indica.

Enthaltene Gifte

Das Limonoid Azadirachtin aus den Samen ist der Hauptbestandteil des Niemöls, es stört die Larvenentwicklung von Schadinsekten. Insektizid wirken auch die verwandten Inhaltsstoffe Salannin und Meliantriol, das selbst Wanderheuschrecken den Appetit verdirbt.

Giftwirkung beim Menschen

So viel Wirkung gibt es gewiss nicht ohne Risiken. Das liegt im Wesen des Giftes begründet. Hirnschädigungen durch Niemöl-Vergiftung sind in seltenen Fällen möglich, und Kinder, die laienhaft mit Niemöl behandelt wurden, litten schon am Rote-Augen-Syndrom.[133]

Verwendung

Neben der Verwendung als biologisches Insektizid kommt Niem auch in der Humanmedizin zum Einsatz. Indische Ärzte empfehlen es angeblich seit mehr als zweitausend Jahren gegen zahlreiche Malaises: Bluthochdruck, Hepatitis, Magen-Darm-Geschwüre und vieles mehr, sogar gegen Krebs.

Und die Synthetische Biologie, oder auch Synthetische Genomik, verspricht, dass man sie in Bioreaktoren züchten wird, mithilfe von gentechnisch veränderten Hefepilzen und Bakterien – wie am Beispiel der Eibe schon erwähnt. Die Idee dahinter ist, den Stoffwechsel von Bakterien-, Hefe- oder Pflanzenzellen gentechnisch so zu verändern, dass sie die gewünschten Substanzen erzeugen. Von regelrechten Zellfabriken (Hefekulturen, die man in sogenannten Fermentern hält) ist die Rede. Aus diesen sollen zukünftig Biotreibstoffe und Plastik gewonnen werden (Bio-Polymere), aber eben auch Arzneistoffe. Mit dem Vorteil gegenüber dem Pflanzenanbau, dass die Konzentration der Wirkstoffe kontrollierbar wäre. Im Freiland schwankt sie teilweise stark.

Ein konkretes Beispiel hierfür ist ein Forschungsprojekt, das aus genveränderten Bäckerhefen Tropanalkaloide gewinnen will. Wie in der traditionellen Medizin werden diese sodann gegen neurologische Krankheiten eingesetzt. Die Alkaloide Hyoscyamin (Stechapfel, Tollkirsche) und Scopolamin (Alraune) können bereits heute von genveränderten Hefepilzen erzeugt werden. In der Medizin sind sie als sogenannte Neurotransmitter-Hemmer bei der Behandlung neuromuskulärer Erkrankungen von Bedeutung. Das Ziel der Stanford-Wissenschaftler, die ihre Erfindung im Jahr 2020 publizierten, ist »eine robuste und flexible Versorgung mit diesen essenziellen Medikamenten«.[134] Gerade in dem Moment, da manche Giftpflanzen wiederentdeckt werden, könnte ihnen also schon der nächste Schlag drohen und ihr Anbau unter freiem Himmel beinahe anachronistisch erscheinen.

Aber es geht in Zukunft nicht nur darum, immer effizienter »natürliche« Rohstoffe zu erzeugen. Es geht auch darum, das Bestehende nicht einfach wegzuwerfen, sondern wieder und wieder zu nutzen. Upcycling ist der klügste Fall: aus Reststoffen etwas Wertvolleres schaffen. Ein wichtiges Konzept der zirkulären Bioökonomie ist daher die Kaskadennutzung. Das heißt, jeder Stoff soll möglichst hochwertig, mehrfach und erst in allerletzter Instanz energetisch genutzt, also verbrannt werden.

Das führt uns am Ende unserer Reise durch die Welt der Giftpflanzen zurück zur Tomate. In ihrem Fall bedeutet die Kaskadennutzung, dass ihre vermeintlich unbrauchbaren und giftigen Teile – Stiele, Blätter, grüne Früchte – nicht mehr einfach nur kompostiert oder weggeworfen, sondern »höherwertig« verarbeitet werden.

Gerade die Blätter der Tomatenpflanze könnten wichtig werden. Denn sie enthalten Flavonide, wertvolle Sekundärmetabolite, die antimikrobiell und entzündungshemmend wirken.[135] Deren chemische Synthetisierung ist zwar möglich, aber kompliziert und teuer. Die Reste der Gemüseproduktion können hier also wunderbar zum Einsatz kommen. Man kann diese Neben-Stoffe sogar gezielt »züchten«: Steigert man im Gewächshaus den Stress der Pflanzen, etwa durch Trockenheit oder Hitze, werden die Wirkstoffgehalte der Flavonide erhöht.

So gerät die Tomate verstärkt in den Fokus von Forscherinnen und Forschern. Und auch die eng mit ihr verwandte Paprika könnte in diesem Zusammenhang von Interesse sein. Deren Blätter sind ebenfalls giftig, und ihr Flavonid Cynarosid kann in der Krebstherapie eingesetzt werden.[136] Ein anderes Paprika-Flavonid, Graveobiosid, hat nützliche insektizide Eigenschaften. Es verhindert, dass Schadfliegen ihre Eier im Grün ablegen – ein potenzielles natürliches Abwehrmittel, das chemische Insektizide ersetzen könnte.

Die Tomate verbindet Vergangenheit und Zukunft. Sie ist der rote Faden in der Furcht- und Fortschrittsgeschichte des Giftigen. Durch Biotechniken kann sie zum Schutzmantel für viele vergleichsweise wehrlose Pflanzen werden. Es gibt also viele gute Gründe, nicht nur wunderbar süße Tomatensorten wie das »Herz aus Zagreb«, sondern auch das Giftige in unserer Umwelt sympathisch zu finden und zu beschützen. Es gibt eigentlich keine Giftpflanzen. Tatsächlich gibt es nur besonders erfolgreich um Distanz bemühte Blumen, Kräuter,

Büsche und Bäume. Diese sogenannten Giftpflanzen lehren uns das »Nein« – das kluge »Nein«, hinter dem sich ein »Ja« versteckt, ein »Nein« aus purer Lebensfreude. Mögen wir sie! Um der Vielfalt der Arten willen. Aber auch, und vor allem, um unserer selbst willen, der Freiheit zuliebe.

Dank

Ich danke Gunther Hirschfelder, meinem Doktorvater an der Universität Regensburg – dafür, dass er mich mit Geduld, Humor und historischem Realitätssinn kulturwissenschaftlich schulte, und für viele Gespräche seitdem. Ich danke Michael Lenkeit für ein exzellentes, außergewöhnlich gewissenhaftes Lektorat. Ich danke Simone Bartlog dafür, dass sie uns den Schrebergarten ihres verstorbenen Vaters Otto anvertraute, sowie Nils Andreas und unserer Gartennachbarin Sook für den regelmäßigen erfreulichen Austausch über die Eigenarten der Pflanzenwelt. Ich danke meinem Agenten Matthias Landwehr und dem Knesebeck Verlag für die gute Zusammenarbeit. Nicht zuletzt danke ich allen Antiquaren, die kuriose alte Bücher bereithalten und sich gegen Amazon und Medimops behaupten.

Giftbücher

In den Pflanzensteckbriefen wurde aufgrund der besseren Lesbarkeit auf eine vollständige Zitation verzichtet. Die Informationen basieren, wo nicht anders angegeben, auf folgender Literatur:

Dauncey, Elizabeth A., Larsson, Sonny, *Killerpflanzen. Tödliche Verteidigungsstrategien der Pflanzenwelt*, Stuttgart, 2018.

Habermehl, Gerhard, Ziemer, Petra, *Mitteleuropäische Giftpflanzen und ihre Wirkstoffe*, Berlin, Heidelberg, 1999.

Rüdt, Ulrich, *Heil- und Giftpflanzen*, Stuttgart, 1989.

Welten, Heinz, *Unsere Giftpflanzen*, Berlin, Leipzig, 1911.

Wiesenauer, Markus, *Phytopraxis*, Berlin, Heidelberg, 2016.

Kapitel 4, die Kulturgeschichte der Gifte und die etymologische Herleitung, enthält gekürzte, veränderte und ergänzte Abschnitte aus meiner Dissertation:

Grossarth, Jan, *Die Vergiftung der Erde. Metaphern und Symbole agrarpolitischer Diskurse seit Beginn der Industrialisierung*, Frankfurt, New York, 2018.

Alle übrigen Quellen- und Literaturangaben finden sich in den Anmerkungen.

Anmerkungen

1 Habermehl, Gerhard, Ziemer, Petra, Mitteleuropäische Giftpflanzen und ihre Wirkstoffe, Berlin, Heidelberg, 1999, S. 143.

2 Smith, Andrew F., The Tomato in America. Early History, Culture and Cookery, Urbana, Chicago, 2001 [1994], S. 40–43.

3 Blasl, Klaudia, 111 Tödliche Giftpflanzen, die man kennen muss, Köln, 2018.

4 Wolff, Julius, Der Sachsenspiegel, Bd. 3, in: Ders., Sämtliche Werke, Leipzig, 1912.

5 Jessen, Carl Friedrich Wilhelm, Deutsche Excursions-Flora. Die Pflanzen des deutschen Reiches und Deutsch-Oesterreichs nördlich der Alpen, Hannover, 1879, S. 93.

6 Hehn, Victor, Kulturpflanzen und Hausthiere in ihrem Übergang aus Asien nach Griechenland und Italien sowie in das übrige Europa, Berlin, 1870, S. 386.

7 Kraus, F. et al. (Hg.), Ergebnisse der Inneren Medizin und Kinderheilkunde, Berlin, 1913, S. 137.

8 Diese Anekdote ist entnommen aus: Storl, Wolf-Dieter, Wir sind Geschöpfe des Waldes. Warum wir untrennbar mit den Bäumen verbunden sind, München, 2019, S. 291.

9 Diese Erinnerung habe ich an die entsprechende Passage aus dem Film von Bertram Verhaag: Wurzeln des Überlebens, 2021.

10 Reckwitz, Andreas, Die Gesellschaft der Singularitäten. Zum Strukturwandel der Moderne, Berlin, 2017. Und: Böhme, Gernot, Ästhetischer Kapitalismus, Berlin, 2016.

11 Tabor, Edward, Plant Poisons in Shakespeare, Economic Botany, 24, 1, 1970, S. 81-94.

12 Shakespeare, William, Die Tragödien, Darmstadt, 2010, S. 207.

13 Göres, Joachim, Blühende Fantasie, in: Tagesspiegel, online abgerufen am 12.9.2021: https://www.tagesspiegel.de/wirtschaft/immobilien/lyrische-symboliken-bluehende-fantasie/14428750.html.

14 Prentner, Angelika, Bewusstseinsverändernde Pflanzen von A–Z, 2. Aufl., Wien, New York, 2009.

15 Domínguez-Clavé, Elisabet et al., Ayahuasca: Pharmacology, neuroscience and therapeutic potential, Brain Research Bulletin, 126, 1, 2016, S. 89–101.

16 Sämtliche Steckbriefe stützen sich auf die in der Literaturliste angegebenen Standardwerke.

17 Heine, Heinrich, Die romantische Schule, Drittes Buch, 1833, online abgerufen am 3.2.2022: https://www.projekt-gutenberg.org/heine/romschul/chap005.html.

18 Wohlleben, Peter, Das geheime Leben der Bäume. Was sie fühlen, wie sie kommunizieren – die Entdeckung einer verborgenen Welt, München, 2015, S. 24.

19 Heine, Heinrich, 1833, https://www.projekt-gutenberg.org/heine/romschul/chap005.html.

20 Ebd., https://www.projekt-gutenberg.org/heine/romschul/chap001.html.

21 Schimpfky, Richard, Deutschlands wichtigste Giftgewächse in Wort und Bild, nebst einer Abhandlung über Pflanzengifte für den Schulunterricht und Selbstunterricht bearbeitet, Gera, 1893, S. 2.

22 Welten, Heinz, Unsere Giftpflanzen, Berlin, Leipzig, 1911, S. 6.

23 Ebd.

24 Pečírka, Josef, Die Giftgewächse des österreichischen Kaiserstaates und Deutschlands, Prag, 1859.

25 Ebd., S. 2.

26 Bundesinstitut für Risikobewertung, Risiko Pflanze – Einschätzung und Hinweise, Berlin, 2017.

27 Hagemann, Isolde, Botanischer Garten und Botanisches Museum Berlin, Gottes-Gnadenkraut, o. D., online abgerufen am 24.12.2021, https://www.bgbm.org/de/infotainment/gottes-gnadenkraut

28 Pečírka, 1859, S. 34.

29 Habermehl, Ziemer, 1999, S. 81.

30 Pečírka, 1859, S. 33.

31 Welten, Heinz, Die Waffen der Wehrlosen. Eine Sammlung naturwissenschaftlicher Plaudereien, Berlin, 1909, S. 5–10.

32 Pečírka, 1859, S. 1.

33 ORF News, D: Mann stirbt an Vergiftung durch Eigenbau-Zucchini, 2015, online abgerufen am 16.6.2021: https://orf.at/v2/stories/2294594
34 Welten, 1911, S.21 f.
35 Schimpfky, 1893.
36 Gmelin, Christian Gottlob, Chemische Untersuchung der Seidelbast-Rinde, Tübingen, 1822, S. 3.
37 Vgl. Welten, 1911, S. 60.
38 Ebd., S. 59 ff.
39 Pečírka, 1859, S. 29.
40 Ebd., S. 30.
41 USA Today (2021), Toxic invasive poison hemlock is spreading into US parks and backyard gardens, online abgerufen am 24.7.2021: https://eu.usatoday.com/story/news/nation/2021/08/03/poison-hemlock-us-parks-gardens-beware-toxic-plant/5465780001/.
42 Welten, 1911, S. 60.
43 Chesnut, V. K., Thirty Poisenous Plants of The United States, USDA Farmers' Bulletin No. 86, Washington, 1898, S. 24 ff.
44 Skinner, T., Dr. Skinner on Poisoning by Conium Maculatum, Liverpool Medico-chirurgical Journal, 2, 3-4, Liverpool, 1858, S. 227.
45 Harnack, Erich, Das Gift in der dramatischen Dichtung und in der antiken Literatur. Ein Beitrag zur Geschichte der Giftkunde, o. O., 1908, S. 17.
46 Welten, 1911, S. 33 f.
47 Maréchal, Sylvain, Reisen des Pythagoras, Chemnitz, 1800, S. 296.
48 Lewin, Louis, Die Gifte in der Weltgeschichte, aktualisierte und bearbeitete Neuausgabe, Wien, 2007 [1920], S. 60–68 und S. 136 ff.
49 Chemie.de, Conilin, o. D., online abgerufen am 4.5.2021, https://www.chemie.de/lexikon/Coniin.html.
50 Orfila, Matthieu Joseph Bonaventure, Lehrbuch der Toxicologie, Bd. 2, Braunschweig, 1853, S. 430.
51 Frank, Joseph, Handbuch der Toxicologie, oder der Lehre von Giften und Gegengiften, Wien, 1803, S. 159.
52 Pečírka, 1859, S. 44.
53 Ebd., S. 45 f.
54 Hierzu habe ich eine Doktorarbeit angefertigt. Das folgende Kapitel ist eine stark gekürzte und überarbeitete Fassung eines Kapitels daraus. Grossarth, Jan, Die Vergiftung der Erde, Frankfurt, New York, 2018, S. 75–130. Dort sind die verwendeten Referenzen aus der Literatur vollständig angegeben.

55 Duden, Das Herkunftswörterbuch: Etymologie der deutschen Sprache, Berlin, 2014, S. 340.

56 Universität Göttingen, Forstbotanischer Garten, Woran man die Eibe erkennt, o. D., online abgerufen am 12.2.2021: https://www.uni-goettingen.de/de/biologie+und+%C3%96kologie/60887.html.

57 Zit. nach Grossarth, 2018, S. 77.

58 Ebd., S. 80.

59 1 Mos 3,5.

60 Spengler, W. Eckehart, Apfel, Apfelbaum, in: Ranke, Kurt, Bausinger, Hermann (Hg.), Enzyklopädie des Märchens, Handwörterbuch zur historischen und vergleichenden Erzählforschung, Bd. 1, Berlin, New York, 1977, S. 622–625.

61 Heine, Heinrich, Nachgelesene Gedichte 1845–1856, o. D., online abgerufen am 2.2.22: https://www.staff.uni-mainz.de/pommeren/Gedichte/HeineNachlese/ungesund.htm.

62 Miski, Mahmud, Next Chapter in the Legend of Silphion: Preliminary Morphological, Chemical, Biological and Pharmacological Evaluations, Initial Conservation Studies, and Reassessment of the Regional Extinction Event, Plants, 2021, 10, S. 102. Online abgerufen am 12.7.2021: https://www.mdpi.com/2223-7747/10/1/102.

63 Shlosberg Alan, Egyed M. N., Examples of poisonous plants in Israel of importance to animals and man, Archives of Toxicology Suppl, 6, 1983, S. 194 ff.

64 Akaberi, M. et al., Review of the traditional uses, phytochemistry, pharmacology and toxicology of giant fennel (Ferula communis L. subsp. communis), Iranian Journal of Basic Medical Sciences, 18, 11, 2015, S. 1050–1062.

65 Welten, 1911, S. 6.

66 Dieser Abschnitt ist wiederum abgewandelt entnommen aus: Grossarth, 2018, S. 75–130.

67 Zit. nach ebd., S. 128.

68 Nach ebd., S. 118.

69 Sueddeutsche.de, Nudelsuppe vergiftet: Mann verurteilt, 2020, online abgerufen am 30.8.2021: https://www.sueddeutsche.de/panorama/kriminalitaet-vor-gericht-hessen-wiesbaden-1.4920082.

70 Landeghem, A. et al., Aconitine involvement in an unusual homicide case, International Journal of Legal Medicine, 121, 2007, S. 214–219.

71 Vgl. Grossarth, 2018, S. 75–130.

72 Levy, Joel, Poison: A Social History, Hove, 2011.

73 Lache, Annette, Versuchter Giftmord – wie ein fast perfektes Verbrechen am Ende doch scheiterte, Stern Crime, 2018, online abgerufen am 9.8.2021: https://www.stern.de/panorama/stern-crime/mordversuch----floristin-soll-versucht-haben--den-ehemann-zu-vergiften-7881236.html.

74 Lie, Jenni et al., Production of biodiesel from sea mango (Cerbera odollam) seed using in situ subcritical methanol-water under a non-catalytic process, International Journal of Industrial Chemistry, 9, 2018, S. 53–59.

75 Welten, 1911, S. 23 ff.

76 Gaillard, Yvan et al., Cerbera odollam: A ›suicide tree‹ and cause of death in the state of Kerala, Journal of Ethnopharmacology, 95, 2005, S. 123–126.

77 Courrier International, Remède. Le président du Kirghizistan recommande une racine toxique contre le Covid-19, 23.4.2021, online abgerufen am 2.8.2021: https://www.courrierinternational.com/article/remede-le-president-du-kirghizistan-recommande-une-racine-toxique-contre-le-covid-19.

78 Alle Informationen aus diesem Absatz sind folgender Überblicksstudie entnommen: Pietro, Michael A., Mondie, Christopher, Toxicity of herbal medications suggested as treatment for COVID-19. A narrative review, JACEP Open 2021; 2:e12411.

79 NTV, Mutter mit Muffin vergiftet, 2008, online abgerufen am 24.6.2021: https://www.n-tv.de/panorama/Mutter-mit-Muffin-vergiftet-article253906.html.

80 Dewitt, M. S. et al., The dangers of jimson weed and its abuse by teenagers in the Kanawha Valley of West Virginia, West Virginia Medical Journal, Jul–Aug, 93, 4, 1997, S. 182–185.

81 Toronto Star, 3 teens poisoned by jimson weed seeds, 2007, online abgerufen am 30.8.2021: https://www.thestar.com/news/gta/2007/10/09/3_teens_poisoned_by_jimson_weed_seeds.html.

82 Hicks, Chandler et al., Trauma versus Immorality. A Review of The Sinner, Journal of the American Academy of Psychiatry and the Law Online, Sep. 2020, 48, 3, S. 418 f.

83 New York Botanical Garden, Plant Talk. Comprehensive Guide to Poisonous and Injurious Plants, published by NYBG and Springer, Pressemeldung 7.8.2020, online abgerufen am 20.8.2021: https://www.nybg.org/planttalk/comprehensive-guide-to-poisonous-and-injurious-plants-published-by-nybg-and-springer/.

84 France 3, Pyrénées-Orientales: 1 mort et 2 femmes intoxiquées à l'aconit à Alénya, 10.6.2018, online abgerufen am 30.7.2021, https://france3-regions.francetvinfo.fr/occitanie/pyrenees-orientales/perpignan/pyrenees-orientales-1-mort-2-femmes-intoxiquees-aconit-alenya-1491875.html.

85 Le Monde, Mort après avoir consommé une plante toxique de son jardin, 11.6.2020, online abgerufen am 9.7.2021: https://www.lemonde.fr/blog/realitesbiomedicales/2020/06/11/mort-apres-avoir-consomme-une-plante-toxique-de-son-jardin/.

86 RP Online, Ein Wald aus giftigem Riesen-Bärenklau, 16.7.2015, online abgerufen am 1.9.2021: https://rp-online.de/nrw/staedte/moers/ein-wald-aus-giftigem-riesen-baerenklau_aid-21917651.

87 Der Spiegel, Stalins Rache, 30/1996, online abgerufen am 25.7.2021: https://www.spiegel.de/wissenschaft/stalins-rache-a-9c24ce0a-0002-0001-0000-000008955390.

88 Chronicle Live, Toxic giant hogweed is spreading thanks to hot weather – here's what you need to know, o. D., online abgerufen am 30.6.2021, https://www.chroniclelive.co.uk/news/north-east-news/toxic-giant-hogweed-spreading-thanks-13245748.

89 Slanisky, Lena, Warning: Canada's Most Dangerous Plant Has Been Spotted All Over Quebec, MTL Blog, 31.5.2019, online abgerufen am 3.8.2021: https://www.mtlblog.com/warning-canadas-most-dangerous-plant-has-been-spotted-all-over-quebec.

90 Berlin.de, Riesenbärenklau: Herkulesstaude nachhaltig bekämpfen, 2017, über Wayback Machine, online abgerufen am 20.2.2022, http://web.archive.org/web/20180124155941/https://www.berlin.de/special/immobilien-und-wohnen/balkon-und-garten/blumen-und-pflanzen/3906636-743560-riesenbaerenklau-herkulesstaude-nachhalt.html.

91 Verdener Aller-Zeitung, Gelbes Gift in der Feldmark, 6.8.2021, Lokalteil Langwedel, o. S.

92 Manley, John, Casual Gardener: Go native and bee friendly, in: The Irish News, 7.8.2021, online abgerufen am 16.8.2021, https://www.irishnews.com/lifestyle/2021/08/07/news/casual-gardener-go-native-and-bee-friendly-2407532/.

93 The Guardian, Biodiversity bonanza! Why it is time to let weeds go wild in our gardens, 26.7.2021, online abgerufen am 28.5.2021, https://www.theguardian.com/lifeandstyle/2021/jul/26/biodiversity-bonanza-why-it-is-time-to-let-weeds-go-wild-in-our-gardens.

94 Schiefenhövel, Jan, Der Kampf gegen die gefährliche Knolle, faz.net, 28.6.2021, online abgerufen am 31.1.2022: https://www.faz.net/aktuell/rhein-main/region-und-hessen/der-kampf-gegen-die-giftpflanze-herbstzeitlose-17408595.html#:~:text=F%C3%B6rster%20und%20Sch%C3%BCler%20bek%C3%A4mpfen%20die%20Herbstzeitlose%20im%20Naturschutzgebiet%20Schifflache%20bei%20Gro%C3%9Fauheim.&text=Der%20Naturschutzf%C3%B6rster%20will%20verhindern%2C%20dass,eine%20Giftpflanze%2C%20wie%20Heilmann%20erl%C3%A4utert.

95 Welten, 1911, S. 38.

96 Ebd., S. 39.

97 Habermehl, Ziemer, 1999, S. 162.

98 Deutsche Apotheker Zeitung, Grenzwerte für Pyrrolizidinalkaloide, Nr. 31, 30.7.2015, S. 32.

99 Tamburini, Giovanni et al., Agricultural diversification promotes multiple ecosystem services without compromising yield, Science Advances, 6, 2020, S. 45.

100 Selmar, Dirk, Horizontaler Naturstoff-Transfer: Neue Erkenntnisse über potentielle Kontaminationspfade in Kräuter und Gewürze, Julius-Kühn-Archiv, 460, 2018, S. 56.

101 Irmer, Simon et al., New aspect of plant-rhizobia interaction: Alkaloid biosynthesis in Crotalaria depends on nodulation, Proceedings of the National Academy of Sciences of the United States of America, 112, 13, 2015, S. 4164–4169.

102 Pflanzenforschung.de, Rhizobien lassen Pflanzen Gift produzieren, 26.3.2015, online abgerufen am 9.7.2021: https://www.pflanzenforschung.de/de/pflanzenwissen/journal/toxische-symbiose-rhizobien-lassen-pflanzen-gift-produz-10401.

103 Goyal Shaily, Ecological Role of Alkaloids, in: Ramawat, Kishan Gopa, Mérillon, Michel (Hg.), Natural Products, Berlin, Heidelberg 2013, S. 149–171. Siehe auch: Ramawat, Kishan Gopa et al., Plant Cell and Tissue Differentiation and Secondary Metabolites, Fundamentals and Applications, Berlin, Heidelberg, 2021.

104 Freud, Anna, Das Ich und die Abwehrmechanismen, München, 1936.

105 NASA, Interior Landscape Plants for Indoor Air Pollution Abatement, o. O., 1989, online abgerufen am 3.2.2022: https://ntrs.nasa.gov/api/citations/19930073077/downloads/19930073077.pdf.

106 Inbathamizh, L., Indoor medicinal plants: Beneficial biocatalysts for air filtration and bioremediation – A review, International Journal of Green Pharmacy, 14, 2, 2020, S. 130–137.
107 Vgl. Lanzke, Alice, Ein Efeu macht noch keine gute Luft, in: Ärzte Zeitung, 13.11.2019, online abgerufen am 5.7.2021: https://www.aerztezeitung.de/Panorama/Ein-Efeu-macht-noch-keine-gute-Luft-403888.html.
108 Schimpfky, 1893, Blatt 17.
109 Pečírka, 1859, S. 39.
110 Pečírka, 1859, S. 47 f.
111 Irish Central, The beauty and danger of Blarney Castle's Poison Garden, 16.9.2019, online abgerufen am 8.2.2022: https://www.irishcentral.com/travel/poison-garden-blarney-castle.
112 Schimpfky, 1893, S. 51.
113 Vgl. Grossarth, 2018, S. 118 f.
114 Schimpfky, 1893, S. 95.
115 Pečírka, 1859, S. 132.
116 Ebd.
117 Ebd., S. 131.
118 Vgl. Grossarth, Jan, Hirschfelder, Gunther, Future Food. Trends und Prognosen, in: Hirschfelder, Gunther (Hg.), Wer bestimmt, was wir essen?, Stuttgart, 2022.
119 Pillen, Klaus et al., Pflanzenbasierte Bioökonomie, in: Thrän, Daniela, Moesenfechtel, Urs (Hg.), Das System Bioökonomie, Berlin, 2000, S. 43.
120 Ebd., S. 38.
121 Sieferle, Rolf Peter, Zurück zur düsteren Wissenschaft?, Ökologisches Wirtschaften, 14, 5–6, 1999, S. 2 ff. Vgl. auch: Sieferle, Rolf Peter, Rückblick auf die Natur. Eine Geschichte des Menschen und seiner Umwelt, München, 1999.
122 Etwa in: Günther, Hanns, Gold auf der Straße – Was aus Abfallstoffen werden kann, Stuttgart, 1929.
123 Ames, Bruce N. et al., Dietary pesticides (99.99 % all natural), Proceedings of the National Academy of Sciences, 87, 19, 1990, S. 7777–7781.
124 World Business Council for Sustainable Development, Circular Bioeconomy: The business opportunity contributing to a sustainable world, Genf, 2018, S. 22.
125 Fachagentur für Nachwachsende Rohstoffe, Arzneipflanzen. Anbau und Nutzen, Gülzow-Prüzen, 2013.

126 Zur Loye, Anja et al., Gewerbliche Wildsammlung von Arzneipflanzen in Deutschland, Julius-Kühn-Archiv, 460, 2018, S. 62–66.

127 Xu, Haiyang et al., Coexpression Analysis Identifies Two Oxidoreductases Involved in the Biosynthesis of the Monoterpene Acid Moiety of Natural Pyrethrin Insecticides in *Tanacetum cinerariifolium*, *Plant Physiology*, 176, 1, 2018, S. 524–537.

128 Steiner, Dieter, »Elixiere des Todes«. Pestizide vor der Zeit und zur Zeit von Rachel Carson, online abgerufen am 27.8.2021, https://www.humanecology.ch/media/dokumente/buch-carson/carson-erg-pestizide.pdf.

129 Stone, Richard, A biopesticidal tree begins to blossom: neem seed oil has insect toxicologists buzzing about its potential as a source of natural insecticides, Science, 255, 5048, 1992, S. 1070 f.

130 Kumar, Venugopalan Santhosh, Visweswaran, Navaratnam, Neem (Azadirachta indica): prehistory to contemporary medicinal uses to humankind, Asian Pacific journal of tropical biomedicine, 3, 7, 2013, S. 505–514.

131 Upadhyaya, K. D., Indian Botanical Folklore, Asian Folklore Studies, 23, 2, 1964, S. 15–34.

132 Kumar, Visweswaran, 2013, S. 505–514.

133 Suresha, A. R. et al., A rare case of toxic optic neuropathy secondary to consumption of neem oil, Indian journal of ophthalmology, 62, 3, 2014, S. 337 ff.

134 Srinivasan, P., Smolke, C. D., Biosynthesis of medicinal tropane alkaloids in yeast, Nature, 585, 7826, 2020, S. 614–619.

135 Wormit, Alexandra et al., Kaskadennutzung gartenbaulicher Biomasse für eine ressourceneffiziente Produktion von wertvollen bioaktiven Substanzen, Julius-Kühn-Archiv, 460, 2018, S. 13–22.

136 Lüers, Katja, Da ist mehr drin!, Forschungszentrum Jülich, 2019, online abgerufen am 3.2.2022: https://www.fz-juelich.de/portal/DE/Presse/beitraege/2019/tareca-paprika/artikel.html?nn=2021762.

© Helmut Fricke

Jan Grossarth wurde über Vergiftungsdiskurse promoviert und ist seit 2021 Professor für Bioökonomie an der Hochschule Biberach. Er schrieb über zehn Jahre für die *Frankfurter Allgemeine Zeitung* und veröffentlichte Bücher zu Aussteigern sowie zu Ernährungsthemen. Seine Artikel erscheinen in der *Welt am Sonntag*, der *ZEIT* oder *Cicero*. Jan Grossarth lebt in Frankfurt am Main und bewirtschaftet einen Schrebergarten.

MIX
Papier aus verantwortungsvollen Quellen
FSC® C002795

Deutsche Originalausgabe

Ein Unternehmen der Média-Participations

Projektleitung: Ellen Venzmer
Lektorat: Michael Lenkeit, Stuttgart
Gestaltung und Umschlaggestaltung: Favoritbüro, München
Umschlagabbildung: ©Afishka/Shutterstock
Illustrationen aus
Prof. Dr. Thomé's Flora von Deutschland, Österreich und der Schweiz in Wort und Bild für Schule und Haus, Bände 1–4
Satz: Buch-Werkstatt GmbH, Bad Aibling
Herstellung: Arnold & Domnick, Leipzig
Druck: Livonia Print, Riga
Printed in Latvia

ISBN 978-3-95728-569-0

www. knesebeck-verlag.de